Gottfried Hofbauer
Die geologische Revolution

Gottfried Hofbauer

Die geologische Revolution

Wie die Entdeckung der Erdgeschichte unser Denken veränderte

Die Deutsche Nationalbibliothek verzeichnet diese Publikation
in der Deutschen Nationalbibliografie; detaillierte bibliografische Daten
sind im Internet über http://dnb.d-nb.de abrufbar.

Die Herausgabe des Werkes wurde durch die Vereinsmitglieder der WBG ermöglicht.
Redaktion: Ruthild Kropp, Frankfurt
Satz: Vollnhals Fotosatz, Neustadt a. d. Donau
Einbandabbildung: Gefalteter Kalkstein, © Matauw-Fotolia.com
Einbandgestaltung: Peter Lohse, Heppenheim
Gedruckt auf säurefreiem und alterungsbeständigem Papier
Printed in Germany

Besuchen Sie uns im Internet: www.wbg-wissenverbindet.de

ISBN 978-3-534-26728-6

Elektronisch sind folgende Ausgaben erhältlich:
eBook (PDF): 978-3-534-74060-4
eBook (epub): 978-3-534-74061-1

Inhalt

Einleitung

Eine Zeitreise in das 17. Jahrhundert erscheint uns auf den ersten Blick vielleicht nicht als ein besonders spannender Gedanke. Zu nahe fühlen wir uns – zumindest hier innerhalb Europas – den Menschen jener Zeit. Manche erinnern sich möglicherweise an Filme wie *Die drei Musketiere*, in denen die Figuren ausgiebig ihre Gewandtheit am Degen demonstrieren, aber sonst wie wir zu denken und zu fühlen scheinen. Andere werden vielleicht im Physik-Unterricht auf Isaac Newton (1643–1727) getroffen sein, den wir als Mitbegründer der neuzeitlichen Physik in Erinnerung haben. Aber gerade Newton würde uns sehr verwundern, wenn wir seine Vorstellungen über die Entstehung und das Alter der Erde hören könnten.

Unsere scheinbare Nähe zu den Menschen dieser Zeit löst sich rasch auf, wenn wir uns mit ihren Ansichten über Vergangenheit und Zukunft beschäftigen. Über die in der Bibel erwähnten Generationen von Königen, Propheten und Geschlechtern wurde versucht, das Alter der Welt zu rekonstruieren. Dabei ging es am Ende nicht um Jahrtausende oder gar Jahrmillionen, sondern um Jahrzehnte oder wenige Jahrhunderte: Populär war weit in das 17. Jahrhundert hinein die Berechnung des Bischofs Ussher, nach der der erste Tag der Schöpfung am Abend vor dem 23. Oktober 4004 v. Chr. begonnen haben soll.

Im Denken jener Zeit bestand der Unterschied zwischen Menschheits- und Erdgeschichte darin, dass die Erde sechs Tage vor dem Menschen erschaffen wurde. Aber auch der Blick in die Zukunft war ein völlig anderer: Bei uns im christlich bestimmten Europa bedeutete die Zukunft zugleich das Ende der Welt. Der Jüngste Tag wurde auch nicht in weiter, unbestimmter Ferne gesehen, sondern schon bald, vielleicht sogar noch zu Lebzeiten, erwartet. Die Vergangenheit und Zukunft der Erde und der Menschen konnte aus der lebensweltlichen Perspektive überblickt werden, das Zeitmaß waren Jahre und Jahrhunderte, oder noch anschaulicher, Generationen.

Die Menschen des 17. und vielfach noch des 18. Jahrhunderts konnten so auch keine Vorstellung von einer Entwicklungsgeschichte der Natur haben, keine Idee von einer Veränderung der Erdoberfläche, und noch weniger von einer natürlichen Entwicklung des Lebens oder der Entstehung der Arten. Die Zeit war einfach nur „Zeit“ in dem Sinn, dass sich in ihrem

Verlauf nichts Wesentliches veränderte. Mit der Erschaffung der Welt begann die Uhr zu laufen, Geburt und Tod bestimmten den Takt, das eigene Ende wie das der Welt war stets in Sichtweite.[1]

Es gibt Autoren, die in vielleicht überspitzter Weise behaupten, der Mensch, wie wir ihn heute kennen, hat sich erst gegen Ende des 18. Jahrhunderts herausgebildet.[2] Das mag etwas kühn und übertrieben erscheinen, aber was Vorstellungen von Raum und Zeit angeht, scheint der Unterschied tatsächlich radikal zu sein.

Die Umgestaltung, die auch das Lebensgefühl des Menschen so nachhaltig verändert hat, hing eng mit der Entstehung einer Wissenschaft zusammen, die es zuvor so nicht gab: Es war die Geologie, die mit der Ausgestaltung eines zuvor nicht denkbaren prähistorischen Raumes erste Konturen annahm. Nach ersten, grundlegenden Schritten im 17. Jahrhundert begannen sich Diskussionen über das Alter der Erde, über die Bedeutung der Fossilien oder die mögliche Gefahr globaler Naturkatastrophen um die Mitte des 18. Jahrhunderts im Themenspektrum der Gelehrtenwelt wie intellektuell geprägter Abendgesellschaften auszubreiten.

Dieser spannende Abschnitt der jüngeren europäischen Kultur- und Menschheitsgeschichte war und ist Thema zahlreicher wissenschaftlicher Projekte. Manche Autoren haben diesen Wandel als „Verzeitlichung“ bezeichnet.[3] Studien mit dem Titel „The dark abyss of time“ und andere Arbeiten schildern und analysieren diese erstaunliche Entwicklung, wobei die Titel gar nicht selten die in jenem Umbruch häufig gebrauchte Formel vom „Abgrund“ oder der „Tiefe der Zeit“ aufgreifen, den man in der Auseinandersetzung mit diesen kaum vorstellbaren Zeiträumen wahrzunehmen glaubte.[4]

Die vorliegende Darstellung richtet sich auch an jene, die über die Geologie hinaus an der Entwicklung der Wissenschaften und unseres modernen Denkens interessiert sind. Die zahlreichen Illustrationen dokumentieren nicht nur historisch bedeutende Geländesituationen, sondern auch Ansichten, die den Betrachter in sinnlicher Weise mit der Dynamik der Erde wie den damit verknüpften Zeitmaßstäben konfrontieren.

Der *Blick in die Tiefe der Zeit* ist nicht nur Ausdruck einer besonderen Phase der Kulturgeschichte, oder eine bemerkenswerte Leistung des menschlichen Verstandes. Dieser Blick ist nicht fest gezimmert und unverrückbar, sondern bedarf stets auch der Übung. Neue Fragestellungen zur Geschichte und Dynamik unserer Erde, wie sie infolge der raschen Entwicklung der Geowissenschaften wie der menschlichen Zivilisation ständig entstehen, fordern immer wieder zur Prüfung der erdgeschichtlichen Perspektive heraus. Nicht immer ist diese scharf und eindeutig zu fassen, oft bleibt es eine Hypothese oder ein Gedankenexperiment – aber es ist ein Akt, der immer wieder versucht werden muss. Ohne eine solche Auseinandersetzung würden wir vermutlich bald wieder in ein Denken und Fühlen zurückfallen, das den Lauf der Dinge nur aus dem kurzen Ausschnitt unserer Gegenwart zu sehen vermag.

Die Tiefe der Zeit – Siccar Point

> Wir fühlten uns unvermeidlich in die Zeit zurückversetzt, in der der Schiefer, auf dem wir standen, noch auf dem Grund des Meeres lag, und der Sandstein vor uns gerade erst in Form von Sand oder Schlamm aus dem darüber befindlichen Ozean zur Ablagerung kam.
>
> Eine noch weit entferntere Epoche bot sich dar, in der selbst die ältesten dieser Gesteine, anstatt vertikal aufrecht zu stehen, in horizontalen Schichten auf dem Meeresboden lagerten, und noch nicht durch die unermesslichen Kräfte durcheinander gebracht waren, die das feste Pflaster unserer Erdkugel auseinander gerissen haben.
>
> Ja selbst noch weiter entfernte Umwälzungen erschienen am Horizont dieser außergewöhnlichen Perspektive. So weit in den Abgrund der Zeit blickend, schien uns der Verstand schwindelig zu werden.[5]

Diese Erinnerungen des Edinburgher Mathematikprofessors John Playfair handeln von dem Besuch eines Felsvorsprungs an der schottischen Ostküste im Jahr 1788, dem *Siccar Point*, oder *The Siccar.* Playfair begleitete seinen älteren Freund, James Hutton, der ebenfalls der gelehrten Szene Edinburghs angehörte.

In jener Zeit gab es kein Studienfach „Geologie“ und somit auch keine Geologen, zumindest nicht im heutigen Sinn. James Hutton, der 1726 in Edinburgh geboren war, hatte ein Medizinstudium absolviert, aber niemals anhaltend als Arzt praktiziert. Sein Interessen waren vielfältig, und sie hatten einen gemeinsamen Grundzug: Er versuchte zu verstehen, wie die Dinge funktionieren, welche Prozesse und Abläufe ihr Erscheinungsbild, ihre Vergangenheit und Zukunft bestimmen. Wie arbeitet der menschliche Verstand, wie die Sprache? Wie kann man den Kreislauf von Saat und Ernte, wie den Ackerbau insgesamt optimieren?[6]

Aber trotz all dieser anderen Fragen galt sein bevorzugtes Engagement der Erde. Engagement war auch in ganz besonderer Weise nötig, denn Antworten auf diese geologischen Fragen ließen sich nur sehr eingeschränkt durch reines Nachdenken am Schreibtisch gewinnen. Neu an der Geologie waren nicht nur die Inhalte, die sie zur Diskussion brachte, sondern auch das methodologische Erfordernis, zum Studium dieser Fragen hinauszugehen und die Zeugnisse der Erdgeschichte vor Ort zu sichten, und sei es an den unzugänglichsten Stellen oder in den entferntesten Landschaften.

James Huttons Vorstellungen über die Erde waren anfangs tatsächlich mehr auf Überlegungen allgemeiner Art als auf systematische Beobachtungen gegründet. Erst nach der Veröffentlichung einer ersten, noch kurz und abstrakt wirkenden „Theorie der Erde" (1785),[7] hat er seine Reisen intensiviert und nach überzeugenden Belegen für sein Konzept gesucht. Seine Methodik ähnelte mehr der eines Physikers als eines traditionell vorgehenden Beobachters.

So hat er nicht versucht, zuerst umfangreiches Material zu sammeln, Beobachtungen festzuhalten oder Messungen vorzunehmen, um danach zu überlegen, was dies alles in Hinblick auf die Erde und die sie gestaltenden Prozesse möglicherweise bedeuten könnte. Hutton war ein Freund des Frage- und Antwort-Spiels. Er zog es vor, aus gründlichen Gedankengänge heraus Hypothesen zu entwickeln, für die er dann im Gelände nach möglichst eindeutigen Belegen suchte – so wie eine physikalische Hypothese durch ein entscheidendes Experiment, ein *experimentum crucis,* erhärtet, aber auch verworfen werden konnte.[8]

Der „Blick in die Tiefe der Zeit" war im 18. Jahrhundert wahrscheinlich die aufregendste aller Perspektiven, die Verstand und Vorstellungskraft einzunehmen vermochten. Als James Hutton im Jahr 1788 mit seinen Freunden am Siccar Point anlegte, waren die Worte über den „Abgrund der Zeit" allerdings schon auf dem Weg, ein gebräuchliches Sprachbild für die sich öffnende, scheinbar unendliche Dimension der Erdgeschichte zu werden.

Was diese Situation nun aber gegenüber anderen und früheren hervorhebt, ist die Anbindung an eine besonders prägnante Struktur, an einen Ausschnitt aus der Erdkruste, der in besonderer Weise die Abfolge unterschiedlicher Zustände belegt. Siccar Point war genau eine dieser Stellen, die Hutton im Sinne eines *experimentum crucis* zur Demonstration seiner geologischen Vorstellungen suchte, und die zu finden ihm – welch unkalkulierbares Glück! – auch tatsächlich vergönnt war.

Lässt man sich, wie Hutton und seine Freunde, auf die am Siccar Point aus den Strukturen heraus entwickelbare Logik ein, wird man über das greifbar vorliegende erdgeschichtliche Zeugnis hinausgeführt. Dieses steinerne Dokument erschließt nicht nur zuvor unzugängliche Dimensionen an Zeit und Wissen, an ihm lässt sich zugleich auch demonstrieren, was man *nicht* in Erfahrung bringen kann.

Jedes geologische Zeugnis ist nämlich selbst schon das Resultat eines Prozesse oder einer „Ursache". Alles was wir sehen und greifen können, verweist auf etwas Vorangehendes, das selbst nicht mehr materiell greifbar, aber notwendig wirksam oder gegeben gewesen sein muss. Auch das älteste

Zeugnis am Siccar Point, die steil gestellten – von Playfair als *schistus*/ Schiefer bezeichneten – Schichten, sind schon das Ergebnis vorausgehender Bedingungen und Prozesse: Hier belegen sie, dass auch zur Zeit der Ablagerung dieser Schichten in ihrer Umgebung bereits ein Festland existiert haben muss, das, wie auch alle heutigen Festländer, von Abtragung und Umlagerung des durch die Verwitterung gelockerten Gesteins betroffen gewesen sein muss.

Wenn man heute, mehr als 200 Jahre nach James Hutton, nach den ältesten Zeugnissen der Erdgeschichte fragt, dann trifft man – ganz in diesem Sinn – nicht auf einen ersten, voraussetzungslosen Urzustand. Man findet vielmehr ein Mineral, einen Zirkon, der auf Kristallisationsprozesse in einer frühen, selbst nicht mehr erhaltenen kontinentalen Kruste verweist.[9]

James Hutton hat diese Schwelle gesehen und erkannt, dass es grundsätzlich nicht möglich ist, Anfänge oder Ursprünge zu finden, sondern nur Ergebnisse und Konsequenzen: *Das Ergebnis unser gegenwärtigen Untersuchung ist daher, dass wir weder die Spur eines Anfangs, noch die Aussicht auf ein Ende finden.*[10]

Dieser berühmte Satz wurde oft als Behauptung missdeutet, die Erde hätte keinen Anfang und kein Ende. Aber das hat James Hutton damit nicht gemeint. Ihm ging es darum deutlich zu machen: Es ist vergeblich, einen Anfang, oder auch ein Ende finden zu wollen, denn gleich in welche Richtung wir blicken, wir sehen nur die Kette von Ursachen und Wirkungen.

Von der Naturgeschichte zu einer Natürlichen Entwicklungsgeschichte der Erde und des Lebens

Naturgeschichte als Sachlexikon

Mit der Entdeckung der tiefen Zeit hat sich der Blick auf die Vergangenheit geändert. Die bis dahin als unveränderlich angesehene Erdoberfläche hat Veränderungen erfahren, die Natur hat Geschichte. Und zwar „Geschichte", so wie wir sie heute verstehen: Veränderung, Entwicklung, Umwandlung.

„Geschichte" und auch andere Begriffe hatten zuvor eine andere, vom heutigen Verständnis abweichende Bedeutung. In Hinblick auf die Natur hatte Zeit einst keine Bedeutung, denn Natur war geschaffen worden und nicht ein natürlicher Prozess, in dessen Verlauf sich vieles verändern und entwickeln konnte. Um die Veränderung der Wahrnehmung von „Zeit" und „Geschichte" nachvollziehen zu können, müssen wir einen Blick auf die ursprüngliche Bedeutung dieser Begriffe werfen.

Unter „Geschichte" (lateinisch: *historia*) verstand man bis früher allgemein die Aufzeichnung von Gegenständen und Ereignissen, die sich in der Geschichte zugetragen hatten, und nicht einen Verlauf oder eine Entwicklung. Natürlich folgte eine Geschichte, wenn sie ein Territorium, seine Herrscher oder andere besonders erwähnenswerte Ereignisse betraf, in ihrer Darstellung einer zeitlichen Ordnung. Wenn die „Geschichte" allerdings Bereiche aus Natur oder Handwerk betraf, dann musste man andere Ordnungskriterien finden: Zumeist wurden die Gegenstände hier nach regionalen, sachlichen oder einfach auch alphabetischen Gesichtspunkten gruppiert.

Die berühmteste Naturgeschichte unserer griechisch-römisch-christlichen Welt ist die *Naturalis Historia* des Plinius. Der Römer kam im Jahr 79 n. Chr. beim Ausbruch des Vesuvs ums Leben. Bis dahin hatte er ein Werk mit 2493 Kapiteln voller Themen zustande gebracht, die wir heute in die Kosmologie, Astronomie, Geologie, Metallurgie, Natursteinkunde, Anthropologie, Pharmazie, Medizin, Botanik, Zoologie und noch manch anderes Gebiet einordnen würden.

Die Struktur dieses gewaltigen Werks ist enzyklopädisch, also im Sinne dieses Begriffs als „umfassendes Lehrwerk" angelegt. Das Verständnis der

Bezeichnung „Naturgeschichte“ kam somit dem nahe, was wir heute als *Sachlexikon* bezeichnen würden oder eben als *Enzyklopädie*, wenn es über einzelne Sachbereiche hinweg greifend, alles an Wissen zusammenfassend darstellen möchte.

Die Ordnung der Einträge und Begriffe in alphabetischer oder thematischer Reihenfolge ist in Enzyklopädien ein unumgängliches Verfahren, um dem Benutzer den gezielten Gebrauch zu ermöglichen. Doch niemand würde heute erwarten, Wikipedia oder eine andere, vielleicht auch noch gedruckte Enzyklopädie, als „Geschichte“ oder auch „Geschichte der Natur und Kultur“ tituliert zu finden.

Unter dem Begriff „Naturgeschichte“„ verstehen wir heute, in beträchtlicher Abweichung des ursprünglichen Sinns, eine zeitlich geordnete Ereignisfolge, oder gar eine *Entwicklungsgeschichte*. Was uns an Geschichte fasziniert, ist weniger eine starre Ordnung der Gegenstände oder Ereignisse, sondern die Prozesse und Veränderungen in Natur und Kultur, die Entwicklung neuer Formen, Ordnungen und Systeme.

Bis weit in das 18. Jahrhundert hinein hatte sich an dem schon von Plinius angewandten Konzept von Naturgeschichte nichts Wesentliches geändert: die *Naturalis Historia* wurde als eine Sammlung und Beschreibung von Naturgegenständen jeglicher Art angesehen, in der von einer der Zeit folgenden Entwicklung nichts zu ahnen ist. Wenig geändert hatte sich auch die Art der Datensammlung. Das in diesen Werken angeführte Wissen wurde überwiegend aus der Literatur zusammengestellt. Erst mit der Neuzeit, verstärkt im 17. und 18. Jahrhundert, trifft man in den „Naturgeschichten“ häufiger auf Zusammenfassungen von Informationen, die vom Autor selbst auf Exkursionen und Forschungsreisen gesammelt wurden, wobei in dieser Zeit auch der wissenschaftliche Reisebericht als Darstellungsform an Bedeutung gewinnt. Ohne dass sich die Bezeichnung Naturgeschichte geändert hätte, hat sich ihr Charakter von einer Schreibtisch-Wissenschaft zur empirischen, auf unmittelbare Beobachtung gegründeten Forschung verschoben.[11]

Die Naturphilosophie als alternative Forschungsweise

Geschichte/historia wurden von den Gelehrten der frühen Neuzeit vor allem als ein Thema der Gedächtnisarbeit angesehen. Die als *historia* gedruckten Aufzeichnungen waren die niedergelegten Archive, die in der Summe gleichsam das kollektive Gedächtnis aller Vorfälle und Gegenstände aus Natur und Kultur bildeten. Die Alternative zur *historia naturalis* war die *philosophia naturalis*, also die Naturphilosophie. Ihr Gegenstand waren nicht die konkreten Ereignisse oder Gegenstände der Natur, die „geschaffene Natur" oder *natura naturata*, sondern die Natur als Prozess und schöpferisches System, der *natura naturans*. Die Naturphilosophie war damit auch eher einer Sache des Verstandes: Es ging vor allem darum, die Natur in ihrer Wirkungsweise und Bedeutung zu begreifen.

Aus der *philosophia naturalis* entwickelte sich im 17. Jahrhundert die neuzeitliche Physik mit ihrem Motiv, die Gesetze der Natur auf der Grundlage von Beobachtung und Experiment herauszufinden. Mit Hilfe der Mathematik konnten die Beziehungen zwischen verschiedenen messbaren Größen in einfacher wie allgemeiner Weise zum Ausdruck gebracht werden. Mit dieser Neuausrichtung wurde zugleich die Abgrenzung gegenüber der traditionellen Naturphilosophie betont, die ihre Konzepte eher auf die Diskussion von Begriffen oder Hypothesen über die Beziehungen zwischen Kosmos, Erde und Mensch gegründet hatte. Der Titel von Newtons großem Werk zur Himmelsmechanik (1687) bringt dieses neue Motiv der Naturphilosophie deutlich zum Ausdruck: *Philosophiae Naturalis Principia Mathematica* – also *Mathematische Grundlagen der Naturphilosophie.*

Die stark von spekulativen Elementen durchdrungene Naturphilosophie des Mittelalters und der frühen Neuzeit versuchte man im 17. Jahrhundert zu überwinden, indem man sich, wie auch die Kollegen aus der Naturgeschichte, dem „Buch der Natur" zuwandte.[12] Während die Methodik der *historia naturalis* auf Beobachtung, Sammlung, Vergleich und Systematisierung baute, hat die Naturphilosophie Messung, die Verwendung und Entwicklung mathematischer Methoden, Experimente und besondere, an der Mathematik orientierte Denkmuster wie das ausdrückliche Setzen von Axiomen oder den Gebrauch von Analogieschlüssen zur Grundlage gehabt.

Anhand dieser Kriterien lassen sich die beiden Forschungsweisen bis über das 17. Jahrhundert hinaus zuverlässig unterscheiden. Im 18. Jahrhundert beginnen sich dann aber zunehmend Unschärfen einzustellen: Der Naturphilosoph bedurfte nun einer soliden beschreibenden, „historischen" Basis, um seine Schlüsse oder sein System – etwa in einer *Theorie der Erde* – auf eine akzeptable empirische Grundlage zu stellen. Zu dieser Zeit beginnt dann aber auch die uns heute vertraute Gewohnheit, Wissenschaftler nicht mehr nach ihrer bevorzugten Methodik, sondern nach ihren Forschungsbereichen einzuordnen. Diese Veränderungen festigten sich schließlich im 19. Jahrhundert, als der universal ausgerichtete Gelehrte durch den auf ein bestimmtes Fach festgelegten, an einer Lehreinrichtung entsprechend ausgebildeten Wissenschaftler ersetzt wurde.[13]

Analogien lassen sich auch durch die Zeit transportieren

Die mathematische Methode der Naturforschung, wie die Naturforschung überhaupt, lässt sich allerdings nicht ohne Grundsätze (Prinzipien, Axiome) betreiben, die schon vor der eigentlichen empirischen Bearbeitung eines Themas gesetzt werden müssen. So hebt Newton in der *Principia* mehrere Regeln für das naturphilosophische Denken (*„rules of reasoning"*) hervor, darunter auch das Kausalprinzip: „Gleiche Wirkungen werden durch gleiche Ursachen erzeugt." Er nennt auch Beispiele: Gleiche Ursachen muss demnach die Atmung bei Tier und Mensch haben, genauso – unter anderen – die Entstehung von Steinen in Europa wie in Amerika.[14]

Das Prinzip „gleiche Wirkungen werden durch gleiche Ursachen erzeugt" wurde etwa dazu gebraucht, um die Gültigkeit der Gravitation auch für andere Planeten annehmen zu können. Eine solche notwendige Grundlage für Analogieschlüsse von einem Objekt zu einem anderen, ähnlichen Objekt, wurde bald auch als Voraussetzung für die Erdgeschichtsforschung benötigt: Die Deutung erdgeschichtlicher Zeugnisse lässt sich überhaupt nur dann erfolgversprechend vornehmen, wenn wir sie mit ähnlichen, heute erklärbaren Erscheinungen vergleichen können.

Die Erdgeschichtsforschung baut also ebenfalls auf das in der Naturphilosophie so wichtige Analogieprinzip. Das besondere dabei war aber nun, dass es Analogien zwischen Zeugnissen unterschiedlicher Bildungszeit herzustellen galt: In den Gesteinen dokumentierte Strukturen der Erdgeschichte waren nur dann verständlich, wenn sie den in der Gegenwart bekannten ähnlich waren. War diese Ähnlichkeit gegeben, dann konnte man die in der Gegenwart bekannten Erklärungen, mit gutem Vertrauen rückwirkend in die Erdgeschichte übertragen.

Newton und das „Bier-Modell" zur Entstehung der Erdoberfläche

Die Zeit Newtons war auch die Zeit der ersten großen erdgeschichtlichen Entwürfe. Ein erster Ansatz in Descartes *Prinzipien der Philosophie* (1644) versucht, die Entstehung der Erde, ihrer Kruste, der Meere und der Atmosphäre durch ein mechanisches Modell zu erklären. Auf diesen Ansatz werden wir später noch etwas genauer zurückkommen.

Der eigentliche Startschuss für eine anhaltende Diskussion über eine natürliche Entstehung der Erde und der natürlichen Ursachen der Sintflut wurde allerdings durch Thomas Burnett gesetzt. In seiner *Heiligen Theorie der Erde* (ab 1681) wird die ganze Schöpfungsgeschichte bis zum Ende der Erde am Jüngsten Tag als eine natürliche Entwicklung skizziert.[15]

Ein erhaltener Briefwechsel dokumentiert die Diskussion zwischen Burnet und Newton über die Frage, wie wörtlich der biblische Schöpfungsbericht wohl zu verstehen sei.[16] Newton plädiert für eine wörtliche Interpretation, wobei er die Überlegung vorbringt, die im Schöpfungsbericht genannten sechs Tage könnten möglicherweise doch länger als heutige Tage gewesen sein, wenn die Rotation der Erde langsamer verlaufen wäre.

Burnet hält dem entgegen, dass die sechs Tage unmöglich die Schöpfung des ganzen Universums betreffen können, denn Sonne und Sterne könnten doch wohl nicht nach der Erde, also erst am dritten Tag, entstanden sein. Auch eine Verlängerung der Tage würde schließlich nicht hinreichen, die Erde aus dem ursprünglichen Chaos in natürlicher Weise in einen bewohnbaren Planeten zu transformieren. Burnet bringt seine prinzipielle Skepsis an der wörtlichen Interpretation des Schöpfungsberichts prägnant zum Ausdruck: „Und wenn der Schöpfungsbericht in einem Teil ein Idealbild ist, dann kann er dies in einem gewissen Maß in jedem Teil sein“.[17]

Newtons Festhalten am mosaischen Schöpfungsbericht bedeutet auch, dass er – im Gegensatz zu Burnet – die gegenwärtige Form der Erde tatsächlich als von Anfang an gegeben ansieht. Während Burnet hier sein auf Naturgründe bauendes Sintflut-Modell entwickelt, vermag Newton dazu nur eine aus dem Stehgreif gefasste Hypothese vorzubringen:

> „Während ich schreibe, fällt mir eine andere Illustration zur oben vorgeschlagenen Erschaffung der Berge ein. Milch ist eine gleichförmige Flüssigkeit wie das Chaos. Wenn man Bier hinein gießt und die Mischung eintrocknen läßt, wird die Oberfläche dieser geronnenen Substanz rauh und gebirgig erscheinen wie die Erde es überall ist. Ich verzichte darauf, andere Gründe für Berge zu beschreiben, wie das Ausbrechen von Dämpfen aus der Tiefe, bevor die Erde richtig fest geworden war, das Absetzen und Schrumpfen der ganzen Erdkugel, nachdem die oberen Bereiche oder die Oberfläche hart zu werden begannen […].“[18]

Burnet ist insofern „moderner“ als Newton, als er sich eine von der buchstäblichen Interpretation der Bibel losgelöste Erdgeschichte vorstellen kann. Sein Modell ist *deistisch*, das heißt, Gott braucht nach der Schöpfung nicht mehr in den Lauf der Dinge einzugreifen. Damit gewinnt der Autor die Freiheit, sich eine natürliche Entwicklungsgeschichte zurecht zu legen, so hypothetisch der Entwurf auch sein mag.

Newton hält hingegen am biblischen Zeitmaßstab fest. In dem Briefwechsel wird deutlich, dass er sich bis zu diesem Zeitpunkt zu dieser Frage offenbar noch keine Gedanken gemacht hatte. Eine Geschichte der Erdoberfläche im Sinne einer mehrfachen oder gar andauernden Umgestaltung kommt ihm jedenfalls nicht in den Sinn: Die Oberfläche ist schon am Beginn der Geschichte, unmittelbar im Anschluss an die Entstehung der Erde, in einem einzigen Akt entstanden.

Für den Wissenschaftshistoriker bleibt so nur noch die Frage: Bier in Milch gegossen – war das nur ein Missgeschick an einem unordentlichen Schreibtisch oder hat Newton das vielleicht öfter getrunken? Ein gezieltes Experiment zur Geschichte der Erde ist das jedenfalls nicht gewesen.

Philosophen – ihr wichtiger Beitrag zur Entwicklung des erdgeschichtlichen Denkens

Ungeachtet Newtons Naivität war der Beitrag der *Philosophen* zur Rekonstruktion der Erdgeschichte aber doch von erheblicher Bedeutung. Ihre Neigung zur Mathematik und zum Experiment – auch wenn es mitunter nur Gedankenexperimente waren – hat gerade in dieser frühen Zeit der Geologie erheblich dazu beigetragen, dass eine natürliche Erdgeschichte überhaupt denkbar geworden ist. So begannen *Philosophen, Naturgeschichte* in unserem heutigen Sinn zu schreiben, indem sie eine natürliche Entwicklung der Erde zumindest erst mal als Hypothese für möglich gehalten haben.

Aus dieser Phase der Wissenschaftsgeschichte stammt auch der erste Gedanke, das Alter der Erde über den Salzgehalt der Ozeane zu bestimmen. Es war Edmond Halley, der Entdecker des nach ihm benannten Kometen, der im Jahr 1715 in einem kleinen Beitrag in den *Philosophischen Abhandlungen der Königlichen Gesellschaft zu London* diese Überlegung vorstellte.[19] Um diesen Ansatz auch tatsächlich in eine Kalkulation umzusetzen, hätte er einen Maßstab für die Zunahme des Salzgehalts im Laufe der Zeit gebraucht – im Prinzip also eine Vorstellung davon, wie viel Salz die Flüsse pro Jahr ins Meer transportieren, und wie groß das Volumen der Ozean genau ist.

Weil solche Daten aber nicht vorlagen, konnte Halleys eine derartige Kalkulation auch nicht ausführen. Aber er macht deutlich, dass die Erde nicht unendlich alt sein kann: denn in diesem Fall müssten die Ozeane – so wie das Tote Meer – völlig versalzen sein. Umgekehrt spricht der Salzgehalt der Meere aber auch dafür, dass die Erde viel älter als gemeinhin angenommen sein könnte. Denn die Flüsse führen so wenig Salz, dass sie die deutliche, viel höhere Konzentration in den Meeren auch nicht in kurzer Zeit zuwege bringen können.

Die *Entwicklungsgeschichte der Natur* als definiertes Forschungsziel

Das Entwicklungsdenken hatte in der Mitte des 18. Jahrhunderts nahezu alle Bereiche erfasst – vom Kosmos bis zum menschlichen Verstand. Auch letzterer konnte nicht von einem Moment zum anderen entstanden sein. Ihn zu schulen und zu entwickeln, war schließlich ein wesentliches Element der Aufklärung. Der Gedanke, dass die vollständige Umsetzung einer „Entwicklungsgeschichte der Natur" erst dann vollständig gelungen sein kann, wenn auch die Entwicklungsgeschichte des Lebens integriert ist, wurde in der zweiten Hälfte des 18. Jahrhunderts deutlich. Immanuel Kant hat dieses Ziel im Jahr 1777 in der ihm eigentümlichen Weise ausgesprochen:

> Wir nehmen die Benennungen Naturbeschreibung und Naturgeschichte gemeiniglich in einerlei Sinne. – Allein es ist klar: dass die Kenntnis der Naturdinge, wie sie jetzt sind, immer noch die Erkenntnis von demjenigen wünschen lassen, was sie ehedem gewesen sind und durch welche Reihe von Veränderungen sie durchgegangen, um an jedem Orte in ihrem gegenwärtigen Zustand zu gelangen. Die Naturgeschichte, woran es uns fast noch gänzlich fehlt, würde uns die Veränderung der Erdgestalt, ingleichen die der Erdgeschöpfe (Pflanzen und Tiere), die sie durch natürliche Wandrungen erlitten haben, und ihre daraus entsprungene Abartungen von dem Urbilde der Stammgattungen lehren [...]
>
> Man muß, so sehr man auch und zwar mit Recht der Frechheit der Meinungen feind ist, eine Geschichte der Natur wagen, welche eine abgesonderte Wissenschaft ist, die wohl nach und nach von Meinungen zu Einsichten fortrücken könnte.[20]

Dennoch hat es noch bis in die Mitte des 19. Jahrhunderts gedauert, bis Alfred Russel Wallace und Charles Darwin ein hinreichend gut begründetes Konzept zur natürlichen Entwicklungsgeschichte des Lebens vorlegen konnten. Dieser lange Weg ist deshalb bemerkenswert, weil das Sammeln von Fossilien schon im 17. Jahrhundert intensiv betrieben wurde. Doch Ziel dieser Sammlungstätigkeit war nicht gewesen, eine Entwicklungsgeschichte der Spezies zu erforschen. Bei der Bearbeitung der Fossilien standen nicht zeitlich-entwicklungsgeschichtliche, sondern systematische, traditionelle „naturhistorische" Fragen im Vordergrund.

So bedurfte es erst der verlässlichen Einsicht, dass sich das Spektrum der Organismen im Laufe der Erdgeschichte *tatsächlich* verändert hat. Und dies ist erst gegen Ende des 18. Jahrhunderts deutlich geworden. Die Frage nach einer natürlichen Entwicklung der Spezies hat somit nicht Jahrhunderte, sondern nur Jahrzehnte im Raum gestanden.

Kants Forderung nach einer konsequenten Entwicklungsgeschichte der Natur dürfen wir daher nicht so interpretieren, als ob er eine Evolution im Sinne einer völligen Wandlung der Spezies im Auge hatte. Die „Abänderungen" von „Urbildern" als Reaktion auf Veränderung der Umweltverhältnisse war im 18. Jahrhundert ein weit verbreiteter Gedanke. Dass es möglich sein würde, die Entstehung des Lebens, wie die Entwicklung aller Lebensformen in allen ihren Verzweigungen als eine natürliche Entwicklungsgeschichte zu schreiben, hätte Kant nicht zu träumen gewagt, oder noch wahrscheinlicher, die Idee zu diesem Traum hätte er nicht einmal gehabt.

Figurensteine als Zeugnisse der Erdgeschichte

Naturspiel und Ungewissheit

Als junge Geologen an der Universität war es für uns ein Schrecken, zum Museumsdienst abkommandiert zu werden. Die Geologische Sammlung war jeden zweiten Sonntag im Monat für das Publikum geöffnet, das dann auch in Scharen kam. Der Schrecken steckte in den Taschen und Beuteln der Besucher: Aufgesammelte Gesteine, die alle in irgendeiner Weise bemerkenswert, mitunter auch skurril oder gar spektakulär aussahen. Die Erwartung, von uns – den Fachleuten! – unverzüglich eine klare Beurteilung zu hören, konnten wir aber oft nicht erfüllen. In vielen Fällen ist uns nicht klar geworden, ob das vorgelegte Objekt wirklich geologische oder paläontologische Bedeutung hatte oder ob es einfach nur eine Form war, die in irgendeiner zufälligen Weise interessant aussah und dadurch die Vorstellung nährte, es müsste doch irgendetwas von Bedeutung sein.

Heute, nach Jahrzehnten geologischer Praxis, ist die Lage nur graduell, aber nicht grundsätzlich anders. Der Anteil der Funde, zu denen ein „Fachmann" spontan etwas sagen kann, ist natürlich mit der Erfahrung bedeutend gewachsen, aber es bleiben noch immer genügend Objekte, angesichts derer wir nur mit den Schultern zucken können. Natürlich gäbe es fast immer auch mehr oder weniger aufwendige Mittel und Wege, sich der Identität eines fraglichen Objekts zu versichern. Aber das würde nichts daran ändern, dass der normale geologische Blick, vielleicht noch unter Einsatz einer Gesteinslupe, oft nicht in der Lage war, auf Anhieb die erhoffte Klarheit zu schaffen.

Wenn man diese Unsicherheit selbst erlebt hat, dann fällt es nicht schwer sich vorzustellen, wie sich jene Menschen gefühlt haben, die in der frühen Zeit der Geologie Steine mit interessanten Mustern gefunden haben. Solche Funde wurden damals in der Regel als „Figurensteine" (*lapides figurati*) bezeichnet, und aus heutiger Sicht war da manches darunter, was wir als Zufallsform oder „*Naturspiel*" bezeichnen würden. Um solche Figurensteine als Zeugnis eines einst wirklich lebenden Organismus begreifen zu können, bedurfte es nicht nur einer beträchtlichen Souveränität, sondern auch der Bereitschaft, wirklich an die Möglichkeit der Versteinerung zu glauben.[21]

Spuren ehemaligen Lebens in den festen Gesteinen der Erdkruste konnten die Ordnung der Schöpfung in massiver Weise in Frage stellen: Die Erde sollte doch zuerst geschaffen worden sein, und dann erst das Leben! So barg im Prinzip jeder Fossilfund zugleich auch Material für brisante Diskussionen.

Die Autoren waren aber keineswegs begierig, mit Fossilfunden die traditionelle Chronologie zu sprengen und das Tor zur Erdgeschichte zu öffnen – man hatte zumindest zu Beginn keine Idee, was man mit diesen Objekten sinnvolles, „wissenschaftliches" anfangen könnte. Aber auch der Ausweis von Belesenheit oder von der Qualität der zur Verfügung stehenden Bibliothek waren Motive, die den Aufwand rechtfertigten. Auch die Präsentation von schönen, vielleicht sogar Erstaunen auslösenden „kuriosen" Objekten war noch lange ein guter Grund zur Publikation.

Die Herkunft der wissenschaftlichen Sammlung aus der Kuriositätenkammer

Die Wertschätzung des Besonderen, Kuriosen kam aus der Geschichte der frühneuzeitlichen Sammlungen. Erste Sammlungen entstehen im 16. Jahrhundert, zugleich beginnen die Besitzer, auch in Druckwerken über ihre Objekte zu berichten. Diese frühen Sammlungen hatten keine wissenschaftliche, sondern vor allem ästhetische Bedeutung: Sie zeigten Vielseitigkeit, Geschmack und Erfahrung des Besitzers, der die Vielfalt der Welt in einem – oft nur einzigen – Raum zu repräsentieren versuchte.

In diesen Sammlungen war weniger das Normale, Charakteristische, Repräsentative untergebracht, sondern eher das Merkwürdige wie Bemerkenswerte, Spektakuläre oder Seltene. Daher wurden diese Sammlungen häufig auch als *Wunderkammer* oder *Kuriositätenkabinett* bezeichnet. Da die Sammlungen in der Regel auch Kunst oder Kunsthandwerk enthielten, konnte man allerdings genauso gut von *Kunstkammern* sprechen. Nicht selten war einem solchen Kabinett auch die *Bibliothek* angegliedert, in der weitere Raritäten lagen oder auch bestaunt werden konnten: seltene Bücher, vielleicht auch Manuskripte von berühmten Leuten.

Fossilien und Naturspiele im heutigen Sinn waren Teile dieser Wunderkammern. Ihr langsamer Wandel zu einer als wissenschaftlich angesehenen Sammlung setzte ein, als Figurensteine nicht mehr ungeachtet ihrer regionalen Herkunft zusammengekauft wurden, sondern als Dokumente der Naturgeschichte einer konkreten Region angesehen wurden. Diese Entwicklung begann in der zweiten Hälfte des 17. Jahrhunderts. Als Fundquelle

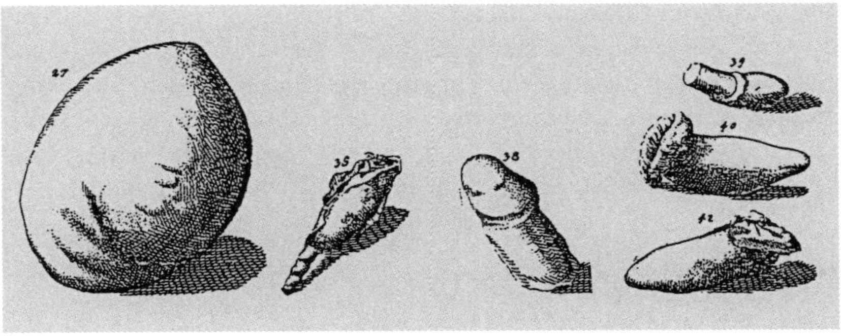

Abb. 1: Oben links: „Das Ebenbild eines größeren Pfirsichs“, daneben „ein kleiner Schinken mit glatter Schwarte, aus dem oben ein Stück Knochen herausragt“, „ein von der Vorhaut entblößter vorderer Teil eines jugendlichen männlichen Gliedes“, ein „mit einer Sandale bekleideter menschlicher Unterschenkel“ sowie „unterschiedliche Beschuhungen“. Baier hat den Leser deutlich gemacht, dass diese Objekte nur so aussehen, aber die Freude am Kuriosen war Motiv genug, sie zusammen mit wirklichen Versteinerungen abzubilden. J. J. Baier 1708

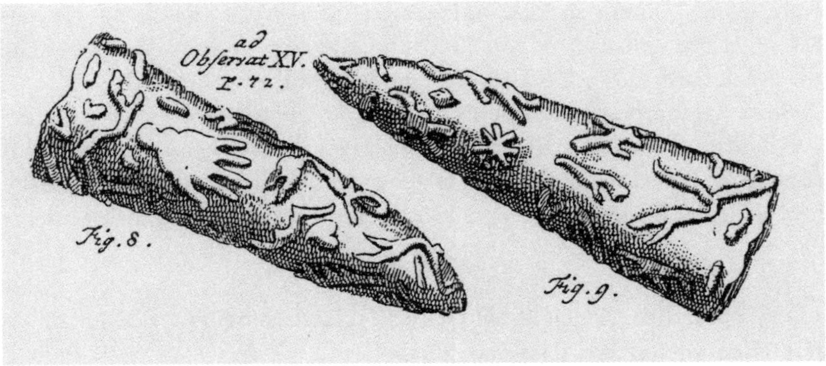

Abb. 2: Unten: Belemniten mit Naturspielen, die nach Ansicht des Autors Hieroglyphen gleichen. Tatsächlich handelt es sich um die Spuren von Kalk abscheidenden Würmern. J. S. Albrecht 1737

konnte ein natürlicher oder künstlicher Aufschluss dienen, die Umgebung der Stadt oder auch eine weiter ausgedehnte Region. Den Funden kam damit eine neue Bedeutung zu: Sie waren nicht mehr nur ästhetisch interessante Objekte, sondern – möglicherweise auch neben Artefakten aus prähistorischer Zeit – Zeugnisse der Natur. Der Sammler war so zum Vertreter einer neuen, nun empirisch orientierten naturhistorischen Praxis geworden.[22]

Das Analogieprinzip als Gewähr für die natürliche Herkunft

Welche unter den bedeutungsvoll aussehenden Formen sind nun wirklich von Bedeutung? Und von welcher Bedeutung? Auch für die Beantwortung dieser Fragestellung hat das Analogieprinzip eine entscheidende Rolle gespielt – und spielt es noch immer.

Zu den bemerkenswerten Beiträgen jenes Abschnitts gehört zweifellos die *Micrographia* des Robert Hooke (1635–1703), Mitglied und zeitweise auch Sekretär der *Royal Society of London*. In dem im Jahr 1666 veröffentlichten, umfangreichen Werk berichtet Hooke von seinen mikroskopischen Betrachtungen. Zu den unterschiedlichen Objekten, die von ihm diesem vergrößerten Blick unterzogen wurden, gehörte auch ein Stück, das wie versteinertes Holz aussah. Unter den Mikroskop zeigte diese Probe tatsächlich die charakteristische Zellstruktur von Holz, und deshalb – so sein Schluss – sollte das Stück einst auch wirkliches Holz gewesen sein.[23]

Seine Argumentation für die einst wirkliche, lebendige Existenz versteinerter Objekte war und ist zugleich die am meisten verlässliche: Anstatt bei oberflächlichen Ansichten und davon ausgehenden Ähnlichkeiten stehen zu bleiben, sollte der Blick weiteren, detaillierteren strukturellen Merkmalen gelten.

Fossilien als Zeugnisse der Sintflut – kein Problem für die biblische Chronologie

Mit der Akzeptanz versteinerter Organismen konnte eine erste erdgeschichtliche Erklärung nicht lange auf sich warten lassen. Gegen Ende des 17. Jahrhunderts griff rasch die Ansicht um sich, die Figurensteine wären Zeugnisse der Sintflut. Die Sintflut war das einzige in der Bibel dokumentierte Ereignis von möglicherweise erdgeschichtlichem Format. Dieser Gedanke war in zweifacher Hinsicht willkommen. So wurde es auf der einen

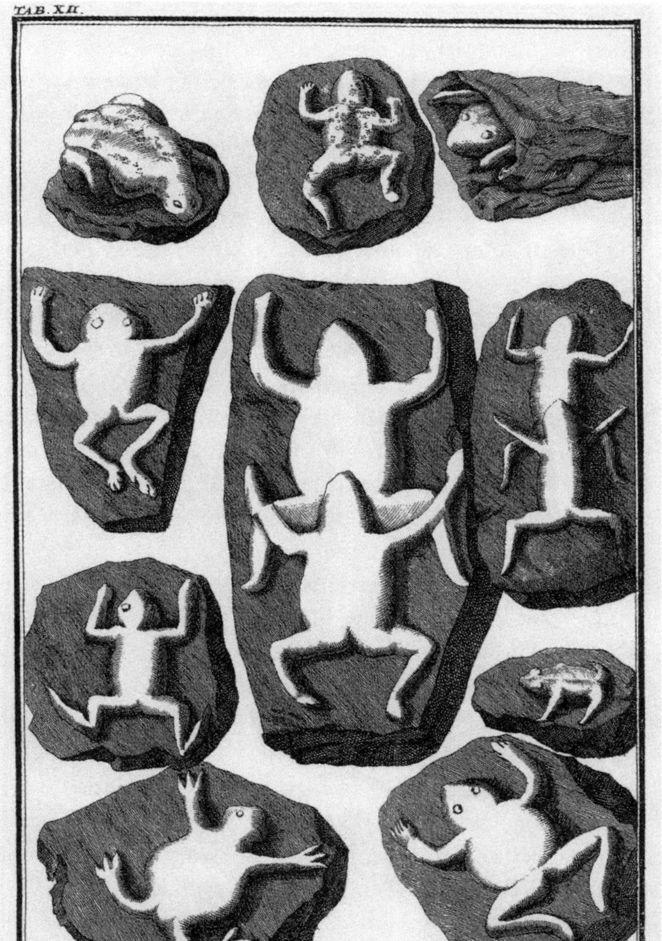

Abb. 3: Die berühmt gewordenen Würzburger Lügensteine enthalten zahlreiche Objekte, deren Versteinerung in einer solch dreidimensionalen Weise heute als unmöglich angesehen werden. Doch wer vermag sicher zu beurteilen, ob die Funde tatsächlich so ausgesehen haben, wie sie in der Abbildung erscheinen? Hat der Grafiker vielleicht eher das visualisiert, was er sich beim Anblick der Objekte gedacht hat? Solche Unschärfen waren nur in einigen wenige Jahrzehnten in der Frühzeit der Fossilkunde möglich – heute müssen Fälschungen so gut sein, dass sie dem Fachmann selbst dann nicht auffallen, wenn er sie in Händen hält. J. B. A. Beringer 1737

Seite möglich, die in den Gesteinen gefundenen Strukturen als einstige Lebensformen zu akzeptieren, ohne auf der anderen Seite die biblische Chronologie aufgeben zu müssen. Diese Art einer ersten Erdgeschichte bezog sich auf Veränderungen, die die Erde nach ihrer Schöpfung, wie *auch erst nach der Schöpfung des Menschen* betroffen haben.

Die Fossilien wurden somit in der ersten Phase tatsächlich mehr als Bestätigung der biblischen Chronologie verstanden denn für ihre Auflösung benutzt. Die Tür zu einer „tiefen" Erdgeschichte wurde in der Folge daher erst mal nicht aufgestoßen. In dieser Richtung war die Argumentation über die Vielfalt und Mächtigkeit von Gesteinsschichten wirksamer. Der Umfang der Fossilien führenden Schichten erwies sich als so immens, dass er bald nicht mehr als Folge nur einer einzigen, zeitlich begrenzten Flut verständlich sein konnte. Dazu kamen die Vorkommen der angeblichen Sintflut-Zeugnisse in großen Höhen, oft inmitten der Gebirge. Auch damit stießen die ersten Versuche einer natürlichen Erklärung zunehmend an die Grenze physikalischer Möglichkeiten: Wie sollte eine solcher Anstieg des Meeresspiegels möglich gewesen sein?

Mit der auf den Umfang der Gesteinsformationen gegründeten Ausdehnung der Erdgeschichte wurden die Fossilien gleichsam „mitgenommen". Ihre Bedeutung lag nun darin, dass sie Zeugnis für den Charakter des Ablagerungsraums geben konnten. Aufgrund der eingebetteten Flora und Fauna konnte eine Formation als marin, festländisch oder vielleicht gar als Süßwassersediment beurteilt werden.

Die Bedeutung der Fossilien als *biologisches* Objekt wurde im Laufe dieser Entwicklung lange an den Rand gedrängt. Erst mit Beginn des 19. Jahrhunderts, maßgeblich durch die Arbeiten von Georges Cuvier, wurden die Versteinerungen wieder in das Zentrum der erdgeschichtlichen Forschung zurückgeführt. Erst dann wurden sie zu Zeugnissen einer Entwicklungsgeschichte des Lebens, und zu den Objekten, mit deren Hilfe das erdgeschichtliche Alter der Formationen verglichen und geordnet werden konnte.

Erdgeschichte aus dem Buch der Natur

Die Sprache der Mathematik und der geometrische Blick

Die Metapher vom *Buch der Natur* hat eine lange Geschichte. Vermutlich geht sie auf den katholischen Kirchenvater Augustinus (354–430 n. Chr.) zurück, ohne dass dieser Ausdruck bei ihm in genau dieser Form zu finden ist.[24] Grundlegend war vielmehr sein Gedanke, dass sich das Werk Gottes auch in der von ihm geschaffenen Natur widerspiegle, so dass man dem Schöpfer auch durch das Studium seiner Schöpfung näher kommen kann. Die in der Folgezeit betriebene „Lektüre“ im Buch der Natur war bis in die Neuzeit nicht Ausdruck eines Zweifels an der biblischen Schöpfungsgeschichte, sondern eher eine ergänzende oder gar vertiefende religiöse Praxis.

Die Autoren, die dann im 16. und 17. Jahrhundert begannen, das Buch der Natur im Geiste der modernen Wissenschaft zu befragen, zweifelten lediglich an der naturgeschichtlichen wie naturphilosophischen Relevanz der Bibel, keineswegs aber an der Existenz des Schöpfergottes. Alle frühen Protagonisten moderner Wissenschaft waren religiös: Kopernikus, Kepler, Galilei, Descartes, Pascal, Newton und viele andere, die wir hier nicht nennen können. Allerdings waren die Ansprüche an den Schöpfergott gestiegen: Er sollte die Welt nicht wie ein Zauberer aus den Hut gezogen, sondern sie – nach den von ihm selbst eingerichteten natürlichen Prinzipien, den Naturgesetzen – entstehen lassen haben.

Das Buch der Natur, so ein bekannter Ausspruch Galileis, „ist in der Sprache der Mathematik geschrieben, und deren Buchstaben sind Kreise, Dreiecke und andere geometrische Figuren, ohne die es dem Menschen unmöglich ist, ein einziges Wort davon zu verstehen; ohne diese irrt man in einem dunklen Labyrinth herum.“[25] In den Augen der Gelehrten der frühen Neuzeit, des 16. und 17. Jahrhunderts war Gott nicht unbedingt Mathematiker. Aber die Anforderungen, die man an ein von ihm geschaffenes und daher perfektes Universum zu stellen können glaubte, waren klar an der Geometrie orientiert: Eine perfekte Welt konnte nicht schief und krumm sein, genauso wenig konnte sie nur zufällig funktionieren. Deshalb war zu erwarten, dass diese Regelmäßigkeit auch in Form idealer geometrischer Figuren beschrieben und verstanden werden kann.

Die auf scheinbar regelmäßigen Bahnen laufenden Planeten boten die anschauliche Grundlage für diese Idee, und so wie am Himmel versuchte man auch auf der Erde, in vielen Dingen und Prozessen die Formen der Geometrie zu entdecken. Dieses Denkmuster nahm die Künste nicht aus, in denen mathematische Konstruktionen halfen, perspektivische Probleme in Zeichnungen und Gemälden zu bewältigen. Albrecht Dürer gab im Jahr 1525 als erster ein deutschsprachiges, an Euklid angelehntes Mathematik-Lehrbuch heraus.[26] Die Proportionenlehre – auch dazu hat Dürer ein Werk verfasst – war in seiner Zeit der Schlüssel zur Darstellung des menschlichen Körpers, der ebenfalls in die Geometrisierung der Welt einbezogen wurde.[27]

Diese Durchdringung der Welt mit dem geometrischen Blick dokumentiert deutlich, dass die Erschließung des Raums vor der Strukturierung der Zeit erfolgte. Bevor man in den Erscheinungen früher/später zu unterscheiden versuchte, galt es, die Dinge im Raum zu ordnen und das näher/ferner zu bestimmen. Verschiedene Perspektiven einzunehmen, sie im Gedankenexperiment auch zu wechseln, wurde eine gängige Übung. Ihren markantesten Ausdruck fand dieser Wechsel in der Astronomie: Sollte man sich nun die Erde oder die Sonne im Zentrum des Planetensystems denken? Während Giordano Bruno (1548–1600) mit spiritueller Inbrunst die Unendlichkeit des Universums und die Vielzahl bewohnter Planeten postulierte, und dafür zum Tod auf dem Scheiterhaufen verurteilt wurde, entwickelte Cyrano de Bergerac (1619–1655) seine Reisen zum Mond und zur Sonne geschickterweise als Satire.[28]

Ein nicht weniger gutes Beispiel gibt uns Robert Hooke (1635–1703), der in seiner *Micrographia* zur einen Seite hin das Mikroskop einsetzt, um ein Insektenauge oder die Struktur von versteinertem Holz im Detail zu untersuchen. In einem anderen Kapitel richtet er ein Fernrohr auf den Mond, um die Struktur der Krater zu studieren. Gegensätzlicher könnten die Perspektiven nicht sein, aber dennoch sind sie Ausdruck einer einzigen methodologischen Haltung, deren Ziel es ist, eingefahrene anthropozentrische Sichtweisen abzuschütteln.

Kernbotschaft dieses Abschnitts ist jedoch, dass die Mathematik in Form der Geometrie, unterstützt durch den Gebrauch optischer Instrumente, nicht nur die Strukturierung von Räumen unterstützt hat. Aus den geometrischen Versuchen, Räume zu strukturieren, ist auch die Idee zum Wechsel der Perspektiven entstanden. Reisen durch den Raum, der virtuelle Blick vom Mond auf die Erde waren die Grundlage dafür, bald auch in Gedanken durch die Zeit zu reisen. In einer Zeit, von der es keine Zeugnisse gibt außer jenen, wie sie in den Gesteinen vor uns liegen.

Die umständliche Begründung des Schichtenprinzips

Die Übersetzung einer räumlichen Abfolge von Gesteinsschichten in eine zeitliche Ordnung ist das elementare Verfahren der Erdgeschichte. Das erscheint heute als so trivial, dass kein Student der Geowissenschaften nach einer tieferen Begründung fragen würde.

Doch wie war es möglich, ausgehend von der Leitwissenschaft Astronomie und dem allgegenwärtigen geometrischen Blick zu einem Gliederungsverfahren der Erdschichten zu kommen? Dabei gilt es noch zu bedenken, dass man zu jener Zeit keine systematische Vorstellung von der Welt der Gesteine hatte. Die unterschiedlichen Möglichkeiten ihrer Entstehung – plutonisch, vulkanisch, metamorph oder sedimentär – waren weitgehend unbekannt, und genau so wenig hatte man eine genauere Vorstellung von ihrer Komposition. Wie kann man ein Modell zu Entstehung und Aufbau der Erdkruste entwickeln, wenn man nicht einmal die Bausteine kennt, keine Vorstellung von Atomen, Molekülen, Kristallen und Mineralien hat?

Wenn Descartes in seinen *Prinzipien der Philosophie* (1644)[29] ein Modell von der Entstehung der Erde entwirft, dann kann er dies nur auf Grundlage einer völlig spekulativen Idee von der Beschaffenheit der Materie versuchen. Die unterschiedlichen hypothetischen Oberflächenformen der ebenso hypothetischen Teilchen sind schließlich der Grund dafür, dass sich unterschiedliche Substanzen wie Gase, Flüssigkeit und Festkörper bilden können. Auf diese Weise konnte er die Entstehung der Erde ohne den Eingriff des Schöpfergottes modellieren: Sphäre auf Sphäre unterschiedlich verbundener Teilchen legen sich um das Zentrum, bis schließlich die feste Kruste und eine Hydrosphäre mit Ozeanen diese Entwicklung abschließen.

Diese radikale Entschlossenheit, die Natur und ihre Gegenstände alleine durch die Naturprozesse selbst denkbar zu machen, ist auch dem Dänen Niels Stensen – latinisiert Nicolaus Steno – anzumerken. In seiner Dissertation „*Vom Festen, das natürlicherweise im Festen enthalten ist*“ (1669)[30] knüpft er ausdrücklich an Descartes an, was nicht ohne Courage ist, waren dessen Schriften doch erst wenige Jahre zuvor vom Vatikan auf den Index verbotener Schriften gesetzt worden.

Der merkwürdige Titel der *Dissertation* bringt zum Ausdruck, dass es dem Autor um eine grundsätzliche Fragestellung geht: Welche genetische und damit zeitliche Beziehung besteht zwischen zwei Festkörpern, seien es Metalle, Kristalle oder Fossilien in Gesteinen, sei es im Verhältnis von Gesteinskörpern zueinander. Die Methodik ist – wie bei Descartes – aller-

Abb. 4: Ein erstes, auch grafisch umgesetztes Modell zur Entstehung der Erde und ihre unterschiedlichen Sphären hat der Philosoph René Descartes im Jahr 1644 veröffentlicht. Ohne zu wissen, wie die Materie oder auch Gesteine eigentlich beschaffen sind, versucht er allein aus der unterschiedlichen Form bewegter, hypothetischer Materieteilchen eine natürliche Entwicklung verständlich zu machen. In der Skizze sind verstellte Erdkrusten-Schollen (E) zu sehen, sowie in den am tiefsten eingesunkenen Bereichen auch die Hydrosphäre (D). Die faserig gezeichneten Teilchen repräsentieren die Atmosphäre (F). R. Descartes 1644

dings völlig anders als das, was man später als „geologisch" bezeichnen würde. Das Thema wird auf einer sehr abstrakten, philosophischen Ebene abgehandelt. Deutlich ist die Vorgehensweise zu erkennen, wie sie zu dieser Zeit in naturphilosophischen Arbeiten Standard war. Angelehnt an mathematische Beweisführungen werden Grundsätze (Axiome) vorangestellt, unter Berücksichtigung einiger als kritisch angesehener empirischer Details werden dann betreffende Schlussfolgerungen (Corollarien) gezogen.

Steno schöpft bei seiner Beschäftigung mit dem „Festen im Festen" vor allem aus der Anschauungswelt der Anatomie. Ohne Zweifel ist er zu seiner Zeit einer ihrer kompetentesten Vertreter. Auch die Körper von Menschen und Tieren werden nun von der neuen Wissenschaft als natürlich entstandene Gefüge betrachtet. Feste Materie und Flüssigkeiten verschiedener Konsistenz sind die Stoffe, aus denen sich solche Körper im Laufe ihres Wachstums entwickeln. Die Anatomie ist die Sphäre, aus der Steno Analogien zu den geologischen Strukturen entwickelt.

Aus dieser Perspektive erscheint es daher gar nicht so weit hergeholt, wenn Steno den Satz, *dass alles Feste aus Flüssigem stammen müsse*, zum obersten Ausgangspunkt seiner Überlegungen macht. So wie in einem lebendigen Körper alle greifbare, feste Substanz von den in ständiger Bewegung befindlichen Flüssigkeiten wie Blut und anderen Körpersäften abgeschieden und ernährt wird, kann dies für den Kosmos, oder zumindest auch die Erde angenommen werden. Entsteht in diesem Strom an Bewegung ein fester Körper – also ein Bereich, dessen einzelne Elemente in einem festen räumlichen Zusammenhang verbleiben –, dann müssen sich spätere fest gewordene Körper dieser zuerst fest gewordenen Form anpassen.

Aus diesem allgemeinen Ansatz leitet er schließlich die auch für geologische Substanzen geltende Folgerung ab, dass von zwei Körpern der zuerst fest geworden sein muss, der am gegenseitigen Kontakt seine Oberflächeneigenschaften der anderen Oberfläche vorgibt.

Ein weiterer Grundsatz betrifft die Analogie zwischen Strukturen: Sind zwei Körper in Hinblick nicht nur auf ihre Oberflächeneigenschaften, sondern auch auf die „innere Anordnung der Teile und Partikel" ähnlich, dann wird auch ihre Entstehung ähnlich sein. Dieser Satz ist für die Zuordnung von Fossilien zu bekannten organischen Strukturen unverzichtbar – einige Jahre zuvor hatte Robert Hooke in England den Nachweis für versteinertes Holz in gleicher Weise begründet.

Aus diesem Gerüst vermag Steno nun weitere Schlüsse zu ziehen:

> [1] Dass die aus der Erde ausgegrabenen Körper, die in jeder Hinsicht den Teilen von Pflanzen und Tieren gleichen, genau in der Weise entstanden sind wie die Teile der Pflanzen und Tiere selbst – und somit von einst lebenden Pflanzen und Tieren stammen müssen.
>
> [2] Dass die Schichten der Erde, was Ort und Art ihrer Entstehung betreffen, mit Schichten übereinstimmen, die von Schlamm führendem Wasser abgelagert werden.[31]

Aus diesem uns heute so abstrakt erscheinenden Ansatz entwickelte Steno ein erdgeschichtliches Modell, das nicht nur die Verhältnisse in der Toskana, sondern auch den grundsätzlichen Aufbau der Erdkruste erfassen sollte. Die Entwicklung der Toskana lässt sich demnach in zwei Zyklen gliedern: Eine erste Ablagerung von Schichten wird nachfolgend unterhöhlt und stürzt ein. Über diesen tektonisch gestörten Krustenbau setzen sich erneut aus darüber stehenden Wasser Schichten ab – die ebenfalls wieder einstürzen können. Steno sieht diese Abfolge als Ergebnis einer ersten Bildungsphase der Gesteine bei der Schöpfung, während der zweite Ablagerungszyklus durch den Meeresspiegel-Hochstand bei der Sintflut begründet wird.

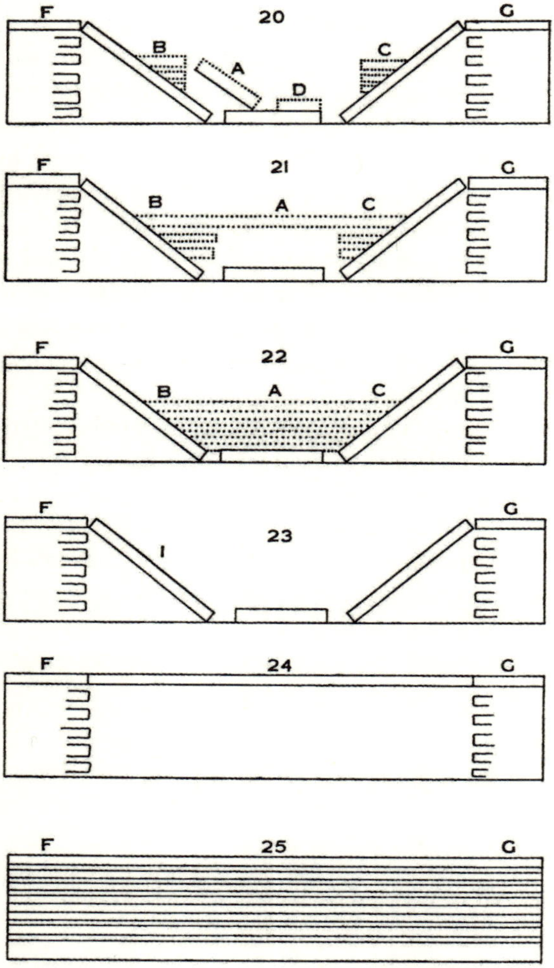

Abb. 5: Nur wenige Jahre nach Descartes skizziert Nicolaus Stensen (auch: Steno) eine zweiphasige Geschichte der Erdkruste. Die Skizze ist von unten nach oben zu lesen:
Im ersten Zyklus (25–23) entsteht die Erdkruste als Absatz aus einer Flüssigkeit. Die nachfolgend teilweise ausgehöhlte Kruste stürzt über diesen Höhlungen ein.
Im zweiten Zyklus (22–20) ermöglicht ein hoher Meeresspiegel – die Sintflut – erneut den Absatz von Schichten. Aber auch diese stürzen über erneut entstandenen Höhlungen ein und verursachen so das gegenwärtiger Erscheinungsbild (20). N. Steno 1669

Indem Steno die bis dahin als einheitlich angesehene Kruste der Erde wie ein Anatom in Schichten untergliedert und Kriterien zur Bestimmung ihrer relativen Abfolge entwickelt hat, hätte eigentlich ein Werkzeug für eine weiterführende erdgeschichtliche Forschung zur Verfügung gestanden. Doch weder Steno selbst, noch seine gelehrten Leser haben ein solches Projekt, also eine auf die Gliederung der Schichten bauende Erdgeschichte, konsequent als Forschungsprogramm aufgegriffen.

Zugleich bleibt Stenos Erdgeschichte eine Geschichte innerhalb des zeitlichen Rahmens der biblischen Schöpfungsgeschichte. Von einem Blick in die Tiefe der Zeit ist wenig zu spüren, auch nicht davon, dass Steno überhaupt die Idee hatte, man könnte mit der von ihm entwickelten Methodik den biblischen Zeitmaßstab sprengen. Die in der *Dissertation* vollzogene Harmonisierung zwischen der zweiphasigen Erdgeschichte der Toscana und der biblischen Naturgeschichte kann keinesfalls als eine nur formale Übereinkunft mit dem Vatikan angesehen werden. Steno war ein tiefgläubiger Mensch und es gibt Hinweise, dass er die Chronologie des Bischofs Ussher für maßgeblich hielt.[32]

Stenos *Dissertation* wurde bereits 1671 ins Englische übertragen und der *Royal Society* in London bekannt gemacht. In den folgenden Jahren und Jahrzehnten setzte in England eine bemerkenswerte Produktion von „Erdgeschichten“ ein[33] – Thomas Burnet, den Autor der *Heiligen Theorie der, Erde* haben wir ja bereits kennen gelernt. Die Vorarbeiten von Descartes und Steno sind darin wie in den Arbeiten folgender Autoren durchaus mehr oder weniger deutlich wahrzunehmen. Aber auch keiner dieser Entwürfe hat den Versuch unternommen, über eine strukturelle Untergliederung der Gesteinsschichten den Aufbau der Erdkruste weiter zu präzisieren oder gar zielgerichtet eine von den Vorgaben des Biblischen Schöpfungsberichts unabhängige Geschichte der Erde zu entwickeln.

So bleibt festzustellen, dass die nicht selten als Begründung des Schichtenprinzips gefeierte Arbeit Stenos offenbar nur beschränkten Einfluss auf die folgende Entwicklung der Geologie hatte. Dies trifft nicht nur für die konkreten Aspekte dieser Arbeit zu, sondern zugleich auch für den Ansatz insgesamt, der – wie bei dem vorangehenden Descartes’ und den nachfolgenden Burnets, Woodwards und Whistons eindeutig zu diagnostizieren ist – von der an der mathematischen Methodik orientierten Philosophie ausging.

Die Erforschung des Aufbaus der Erdkruste über das Studium der Schichtabfolgen konnte erst zur geologischen Methode werden, nachdem dieser philosophische Ansatz als untauglich erkannt worden war. Das Buch der Natur war, zumindest was die Erdgeschichte betrifft, offenbar doch nicht in der Sprache der Mathematik geschrieben. So hat auch die an die Methodik des mathematischen Beweises angelehnte Behandlung erdgeschichtlicher Fragen nicht weiter geführt. Die Gelehrten begannen zu begreifen, dass es langfristig nicht darum gehen konnte, Erdgeschichte zu beweisen, sondern sie zu finden und zu lesen.

Geologische Schichten: Blätter im Buch der Natur

Der erste bedeutende Revolution, oder zumindest ein *Paradigmenwechsel*[34] in der Entwicklung der Geologie, besteht somit in der Einsicht, dass die Geschichte der Erde nicht wie die Himmelsmechanik, oder gar über diese, erforscht werden kann. Die an die Form mathematischer Beweise angelehnte Vorgehensweise hat in eine Sackgasse geführt, aus der nur über eine systematische Beobachtung und Gliederung der Erdkruste ein Ausweg gefunden werden konnte.

Das mag banal klingen, aber es erforderte tatsächlich nicht nur eine neues Denken, sondern auch eine erhebliche Umstellung der Forschungspraxis: Die nicht immer bequeme Beobachtung geologischer Erscheinungen im Gelände galt es nicht nur punktuell und zufällig vorzunehmen, sondern ihr auch hartnäckig und systematisch nachzugehen. Das war für den traditionellen, an Schreibtisch, Bibliothek und seinen Sammlungen orientierten Gelehrten eine erhebliche Herausforderung. Johann Gottlob Lehmann, ein mit dem Bergbau und Lagerstätten befasster Mann, bringt dies in einer seiner Schriften 1756 deutlich auf den Punkt:

> Muss derjenige, der dergleichen unternimmt, sich eine gute Erkenntnis von dem Bau des Erdbodens machen, und solche nicht bloß aus der Lesung derer Bücher hinter den Ofen zu erlangen suchen […][35]

Der Schritt hinaus zur empirischen Geländearbeit war für die meisten Gelehrten in vieler Hinsicht völliges Neuland. Was zieht man an, welche Werkzeuge sollte man dabei haben, wie orientiert man sich ohne Kartenmaterial, das damals nicht einfach in einem Laden um die Ecke erworben werden konnte? Kartenmaterial, das – wenn es dennoch in die Hände bekam – zudem nicht die Qualität hatte, als Grundlage für eine wirklich präzise Verortung dienen zu können. So alt die Tradition der Naturgeschichte und ihrer Methoden – Beschreibung, Bestimmung, Ordnung – waren, so neu war nun doch der Gegenstand der Erdgeschichte, für den erst besondere Vorgehensweisen und Werkzeuge entwickelt werden mussten.

Die beschreibende Beschäftigung mit den Gesteinen führte in ganz eigener Weise zum „Buch der Natur" und zur Entwicklung der erdgeschichtlichen Dimension: Man begann, die Kruste aufzublättern, die Ober- und Unterflächen der Schichten zu betrachten und ihre Komposition zu erfassen. Im Fall der Erdgeschichtsforschung scheint weniger die Metapher zur Beschäftigung mit den Schichten geführt zu haben, als das Studium der Schichten zur Metapher.

Eine frühe Stelle, an der sich die Lektüre im Buch der Natur zu einem spannenden Projekt zu öffnen beginnt, findet man bei Johann Gottlob Krüger (1715–1759), der – als Arzt, Philosoph und naturwissenschaftlicher Aufklärer – das Potential der Schichtenbeschreibung anklingen lässt:

> Wenn man in die Erde gräbt, so trifft man verschiedene Schichten an, welche miteinander abwechseln, und da [von denen] immer eine anders beschaffen ist als die andere[36]
>
> Es kann wohl nicht anders sein, als dass die verschiedenen Lagen des Erdreichs durch Überschwemmungen entstanden sind. [...] Allein wenn man dieses alles von einer einzigen Überschwemmung herleiten soll: warum haben sich die verschiedenen Schichten der Erde nicht so gesetzt, wie es ihre Schwere mit sich bringt? [...] Es muss also wohl mehr als eine Überschwemmung daran schuld sein, und es müssen in vorigen Zeiten sehr wichtige Veränderungen auf dem Erdboden vorgegangen seyn, davon wir ganz und gar keine Nachrichten haben[37]

Diese in der „Naturlehre" veröffentlichten Ansichten erfahren später eine ausführlichere Behandlung in seiner „*Geschichte der Erde in den allerältesten Zeiten*" (Halle 1746). Der Kupferschieferabbau im Harzvorland, von wo ihn sein Freund, der Schichtmeister Hoffmann, mit Fossilien und Informationen versorgte, dient als Beschreibungsgegenstand wie als Grundlage weiterführender Schlüsse:[38]

> Der Schiefer hat seinen Ursprung aus einer sumpfigen Erde, und da in einem blossen Sumpfe kein Fisch leben kann: So muss ehemals über dem Schiefer Wasser gewesen seyn, welches aber allen Ansehen nach verraucht [verdunstet] ist. Man kann dies aus der Horizontallage der Fische in den Flötzen abnehmen, und die gekrümmte Gestalt der meisten ist ein deutlicher Beweis, dass sie nicht verschlemmt und in der Erde oder Morast begraben worden sind, indem sie darinnen ohnmöglich so frey hätten krümmen können, sondern es kommt ihre Lage mit derjenigen völlig überein, die sie anzunehmen pflegen, wenn

> sie in Wasser gesotten werden. Da nun auch ihr Fleisch ebenso als das Fleisch eines in Wasser gesottenen Fisches beschaffen ist; sollte man nicht auf die Vermuthung gebracht werden, dass diese Fische nicht sowol durch die Sündfluth, als vielmehr durch eine allzugrosse Hitze ihr Leben hätten endigen müssen.[39]

Die Gedanken Krügers sind durchaus originell und, was die Hypothese von den gesottenen Fischen angeht, fast schon skurril. Was aber ebenfalls festgestellt werden kann, ist das unkomplizierte Alltagsdenken. Der Autor versucht, Vorstellungen über das Lebensmilieu und die Einbettung der Fossilien in einer sehr nahe liegenden, anschauungsorientierten Weise zu entwickeln. Tatsächlich scheinen einfache, nicht ausgesprochen „wissenschaftlich" oder „philosophisch" begründete Erfahrungen die Geologie in dieser Phase mehr vorangebracht zu haben als die an Galilei, Descartes oder Newton angelehnten mathematischen Ansätze der Vorzeit.

Die Versuche, unterschiedliche Gesteinskonsistenzen als Ausdruck unterschiedlicher Ablagerungsbedingungen zu sehen, führte am Ende zur Aufgliederung der Erdgeschichte in „mehr als eine Überschwemmung" und zur Aufgabe des Gedankens, alles an fossilführenden Schichten einem einzigen Meeresspiegel-Hochstand im Sinne der Sintflut zuzuschreiben.

Risse im Gestein werden von Krüger auf Erdbeben zurückgeführt, genauso die Verstellungen der „Schieferflöze", dessen „Steigen und Fallen" öfters sogar bis in die senkrechte Position geht.[40] Der Autor klebt noch zu stark am Schreibtisch, um nun auch die Schichten über und unter dem Kupferschiefer nach ihren Bildungsbedingungen zu befragen – er ist zufrieden, aus natürlichen Gründen die seiner Meinung nach wichtigen „Hauptveränderungen" der Erde bestimmt zu haben[41], ohne dabei – wie er wiederholt betont – die Sintflut heranzuziehen.

Die Zeit vor der schriftlich fixierten Geschichte aus dem Buch der Natur herauszulesen, verspricht, ein erfolgreiches Projekt zu werden. Denn die Zeichen, in denen es geschrieben ist, sind zu entziffern, wenn man nur die Natur genügend gut kennt:

> [Die Hauptveränderungen der Erde müssen] sich vor so vielen Jahren zugetragen haben, daß es mir auch der größte Chronologe vergeben würde, wenn ich in der Zeitrechnung einen Fehler von tausend Jahren begangen hätte. Ja ich habe dies nicht einmal zu besorgen, weil meine Geschichte von der Art ist, daß sie sich zugetragen habe, ehe Zeitrechner und Geschichtsschreiber gewesen sind. Die Naturkündiger [Naturkundigen] allein sind im Stande, meinen Geschichten die Glaub-

> würdigkeit streitig zu machen. Sie sind die Ausleger der allerältesten Schrift, welche man das Buch der Natur nennet.[42]

Die Bezugnahme auf einzelne, konkrete Gesteinslagen gab den frühen Geologen die Sicherheit, sich auf festen Grund zu bewegen. Das Buch der Natur war kein Werk für die bloße Phantasie, sondern greifbare, im unmittelbaren Sinn harte, empirische Wissenschaft. Die Konsistenz des Gesteins verlieh jeder Seite Gewicht, und Seite für Seite, Schicht für Schicht, blätterte man in die Vergangenheit. Begleitet vom Knistern des Papiers, vom Luftzug der bewegten Blätter oder vom Rieseln des Staubs und abbrechenden Gesteinsstücken, *schlägt* man ein neue Seite auf, ist man in einem weiteren Abschnitt der Schöpfung angelangt. Manchmal kleben die Seiten aneinander, die Druckbögen sind noch nicht aufgeschnitten, die Lagen des Schiefers müssen vorsichtig voneinander getrennt werden – in beiden Fällen kann ein Messer von großem Nutzen sein. Und man weiß nie, was auf der nächsten Seite zu lesen sein wird.

Die steinernen Seiten im Buch der Natur erinnern auch an eine Zeit vor den papiernen Büchern, als Schreiber Zeichen noch in Tontafeln ritzten oder in Stein meißelten. Nun dreht sich der Informationsfluss um: Anstatt mit dem Buch oder dem daraus entnommenen Wissen aus der Bibliothek hinaus in die Natur zu gehen, bringt man Seiten aus der Natur nach Hause, um sie dort neben den traditionellen Büchern zu archivieren, sei es als Schau- oder Belegstück, oder für weitere „Lektüre". James Hutton merkt in einem um 1770 geschriebenen Brief ironisch an, dass seine Freunde behaupten, dass er sich von den gesammelten Gesteinen wohl bald ein Haus bauen könne. Aber er möchte halt doch seine Studienobjekte in einer Art Bibliothek um sich haben:

> Mein Streben ist es, eine geräumige Bibliothek einzurichten, in der alle Bücher, in altertümlicher Weise, aus Gesteinstafeln bestehen sollen, die – ohne mystisch gemeint zu sein – allein von der Hand Gottes verfasst wurden. Was immer auch für Schwierigkeiten beim Erkennen der Buchstaben oder dem Verständnis der Sprache auftreten sollten: Wir werden uns zumindest nicht sorgen müssen, Irrtümer im Druck oder im Inhalt zu korrigieren.[43]

Um die Mitte des 18. Jahrhunderts häufen sich jene Arbeiten, die der Beschreibung der Gesteine und ihrer Abfolge in ihrer natürlichen Umgebung mehr Bedeutung zumessen. Auch wenn oft noch immer die regionalen Verhältnisse mit einer globalen Erdgeschichte identifiziert werden, so wird die empirische Basis, das Buch der Erdgeschichte, doch immer umfassender. In Deutschland sind in dieser Hinsicht die Arbeiten von Lehmann (1756) und von Georg Christian Füchsel (1761) bemerkenswert.[44]

Georg Christian Füchsel: Ist die Menschheit vielleicht älter als die Erde?

> Wenn Du vielleicht, geneigter Leser, diese Geschichte gelesen hast und dir Zweifel darüber geblieben sind, dann solltest Du Dein Urteil zurückhalten, bis du mindestens zwei unterschiedliche Berge in ihrem Zusammenhang untersucht und die verschiedenen Verzeichnisse der Schichten durchmustert hast und selbst Schlußfolgerungen ziehen kannst. Denn Beobachtungen sind die Gründe der Urteile, während die daraus gezogenen Folgerungen Akte der Denkkraft sind, so dass Du beim Lesen ebenso auf beide Fähigkeiten des Geistes achten sollst, wie auch der Autor beim Schreiben [...][45]

So etwa lautet die Einleitung der „Geschichte der Erde und des Meeres, aus der Geschichte Thüringens durch die Beschreibung der Berge", die Georg Christian Füchsel (1732–1773) im Jahr 1761 der Öffentlichkeit vorstellt. „Etwa" deshalb, weil die Schrift unglücklicherweise unter den Titel „*Historia terrae et maris*" in Latein veröffentlicht wurde, was in der Wahl der deutschen Entsprechung gewisse Interpretationsspielräume lässt. Die Statuten der *Churfürstlich Mayntzischen Academie nützlicher Wissenschaften zu Erfurt* bestanden auf das Latein, so dass Füchsels deutsches Manuskript übersetzt wurde.[46] Ein im Inhalt ungewöhnliches, auf Anhieb sicher auch nicht jedem gleich verständliches Werk in lateinischer Sprache in einem wissenschaftlichen Verein in der Provinz herauszubringen, das waren zweifellos ungünstige Startbedingungen für ein neuartiges, ungewöhnliches wie zugleich auch ungewöhnlich kühnes Werk.

Thüringen war eine der Regionen, in der die Gelehrten, die sich mit der Geschichte der Erde befassten, in der Mitte des 18. Jahrhunderts den Platz „hinter dem Ofen" verließen. Johann Gottlob Lehmann, der dies in seiner „Geschichte von Flötz-Gebürgen" (1756) in der gerade zitierten Weise gefordert hatte, lieferte eine Vorlage, die Füchsel an anderer Stelle kritisch zu verbessern versuchte.

Während Lehmann einen kleinen Ausschnitt am Nordrand des Thüringer Beckens als Grundlage seiner „Geschichte" genommen hatte, beschäftigte Füchsel sich mit einem erheblich größeren Abschnitt am Südrand.

Hier grenzten die relativ gleichmäßig gelagerten Sedimentgesteine des Thüringer Beckens an das komplex gebaute, ältere Thüringer Schiefergebirge. Mit seinen verstellten und verfalteten Gesteinen repräsentiert es, wie Füchsel auch erkannte, einen vorgehenden Abschnitt der Erdgeschichte, der von erheblichen Verstellungen der Erdkruste betroffen war.

Mit der *Geschichte der Erde und des Meeres* verließ Füchsel den Zeitrahmen der biblischen Chronologie, indem er eine natürliche Zeitgliederung aus den Schichten entwickelte. Keiner hat – zumindest in Deutschland – zu

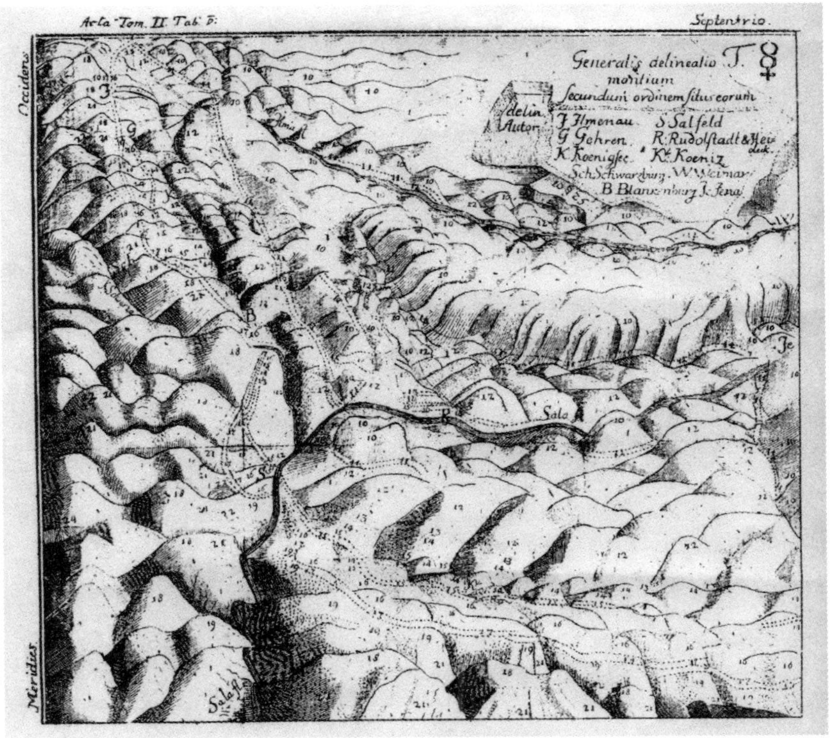

Abb. 6: Als Grundlage seiner „Geschichte der Erde und des Meers" hat Füchsel eine Geologische Karte angefertigt. Doch zuvor musste er sich selbst auch noch die topografische Kartengrundlage schaffen. Die Blickrichtung geht nach Nordwesten entlang der Grenze des alten Gebirges zum Thüringer Becken. Die Formationen sind mit Ziffern markiert, ihre Grenzen zueinander gestrichelt. Vermutlich hat kein Mensch vor ihm so umfangreiche, akribische und auch systematische Beobachtungen der Erdkruste vorgenommen.
G. C. Füchsel 1761

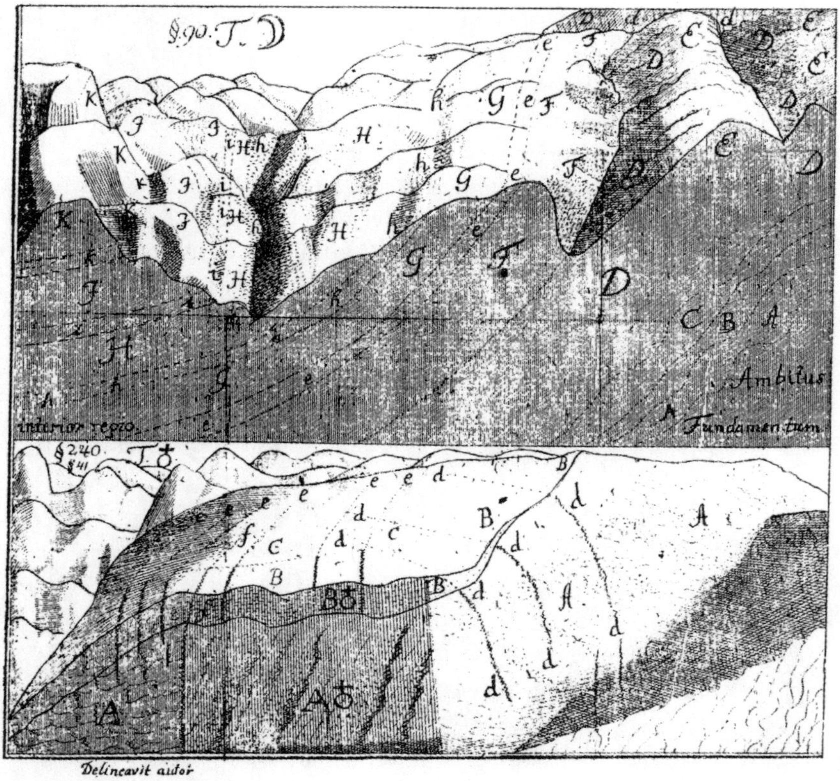

Abb. 7: Zur Geologischen Karte hat Füchsel auch noch zwei Geländeschnitte (Profile) erstellt. Diese zeigen den Übergang des Thüringer Waldes in das Thüringer Becken (oben) und die Überlagerung der steilgestellten Schichten durch eine flach lagernde Formation (unten). Füchsel interpretierte diese unten dargestellt Situation als Beleg für einen sukzessiven Einsturz der Erdkruste. G. C. Füchsel 1761

dieser Zeit so konsequent wie er die erdgeschichtliche Dimension erschlossen. Er tat dies in einer gleich mehrfach bemerkenswerten Weise.

Einer dieser bemerkenswerten Aspekte besteht darin, dass er seine Geschichte nicht nur auf eine wörtliche Schilderung, sondern auf die bis dahin nicht zur Anwendung gekommene Beschreibungsform der *Geologischen Karte* gestützt hat. Eine Geologische Karte unterscheidet sich von gewöhnlichen Karten dadurch, dass sie Aufbau und Struktur der Erdkruste dreidimensional erfasst.

Diese Dreidimensionalität wird möglich, weil aus der Karte die räumliche Lage der Gesteinsformationen ermittelt werden kann. Würden die Schichtgrenzen zum Beispiel horizontal (also parallel zu den Höhenlinien) verlaufen, dann werden die tieferen Schichten nur an Talhängen zu sehen sein. Würden die Schichtengrenzen ungeachtet der Geländeformen stets geradlinig verlaufen, also ohne Richtungswechsel über Täler und Berge ziehen, dann müssen die Schichten senkrecht stehen. Selbstverständlich lassen sich auch alle dazwischen gelegenen Positionen bestimmen – die Genauigkeit hängt von der Präzision ab, mit der der Verlauf der Schichtgrenzen im Bezug zum Gelände, wie sie durch die Höhenlinien der Karte beschrieben werden, kartiert wurde.

Eine solche Karte ist der *Geschichte der Erde und des Meeres* beigefügt. Sie erfüllt alle Anforderungen, die an eine geologische Karte zu stellen sind. Wäre Füchsels Idee einer Karte, in der die unterschiedlichen Formationen farbig markiert wären, umsetzbar gewesen, wäre sie dem Bild einer modernen Geologischen Karte noch näher gekommen. Stattdessen werden die von gestrichelten Linien getrennten Formationen durch Zahlen gekennzeichnet. Den Mangel einer topografischen Vorlage, in der die Gestalt des Geländes durch Höhenlinien dargestellt wird, gleicht er durch eine Schrägaufsicht mit Schummerung aus. Diese Schrägansicht erfolgt aus erhöhter Perspektive, über den Nordrand des Thüringer Waldes nach Nordwesten ausgerichtet, nach Norden hin reicht sie bis hin nach Jena und Weimar, also weit in das Thüringer Becken hinein.

Auch einem geübten Betrachter ist es manchmal nicht möglich, in einer Geologischen Karte auf Anhieb die Struktur des Gebirges zu erkennen. Mitunter besteht auch die Möglichkeit, die Fortsetzung der Schichtgrenzen in die Tiefe unterschiedlich zu interpretieren. Daher ist es üblich, den Karten geologische Profilschnitte beizugeben, in denen der Bau der Kruste gleich auf den ersten Blick zu sehen ist. Auch solche Profilansichten hat Füchsel seiner Karte beigegeben.

Welche unglaubliche Arbeit muss für dieser Karte notwendig gewesen sein! Ohne auf geologische Vorarbeiten zurückgreifen zu können, ist Füchsel ganz allein einen nicht unbeträchtlichen Teil Thüringens abgegangen, hat Gesteinsformationen identifiziert und differenziert, und den Verlauf ihre Grenzen zueinander eingetragen. Wer eine solche Karte zustande gebracht hat, ist zweifellos der geologische Souverän über dieses Gebiet!

Im Text seiner *Geschichte der Erde und des Meeres* geht Füchsel sogleich an die Beschreibung der in der Karte verzeichneten „Gebirge“ (*series montanus*). Der Bergmannssprache folgend, ist ein „Gebirge“ nicht eine hochgelegene Geländeform, sondern der physische Gesteinskörper, gleich in welcher Lage er sich befindet. Das Gebirge besteht aus zahlreichen, durch einzelne Schichtfugen getrennte Lagen (Lager/*situs*), deren gemeinsame Merkmale sich zu dem einheitlichen, als Gebirge bezeichneten Komplex zusammenfassen lassen – heute würde man eine solche Einheit „Formation" nennen. So spricht er etwas vom „Sandgebürge" (dem heutigen Buntsandstein), oder vom „Muschelkalch"– eine Formationsbezeichnung, die bis heute gebraucht wird.

Mit der Beschreibung der verschiedenen Gebirge hat Füchsel den naturhistorischen Teil im Wesentlichen abgeschlossen. Nun kommen, wie in seiner Einleitung angekündigt, die Folgerungen. Ihnen vorangestellt sind die Grundsätze/Axiome, auf deren Grundlage er das erdgeschichtliche Zustandekommen der einzelnen Gebirge deuten will.

Zu Beginn wird das Schichtenprinzip als wesentlicher Schlüssel erdgeschichtlicher Rekonstruktion ausführlich erläutert (§45–50). Nichts deutet darauf hin, dass Füchsel die *Dissertation* des Nicolaus Steno gekannt haben könnte. Wie Steno sieht aber auch Füchsel dieses Prinzip auf den Umstand gegründet, dass Schichtgesteine aus dem Wasser abgesetzt worden sein müssen:

> Der heutigen Erfahrung folgend, werden Schichten allein aus Flüssigkeiten, die erdige Teilchen erhalten, und die als Schlamm oder in Form von Kristallen auf den Boden herabsinken, erzeugt. Folglich sind die Gebirge derart aus einer wässrigen Flüssigkeit, und aus dieser aus Schlamm oder kristallisierenden Salzen erzeugt worden.[47]

und:

> Schichtkörper werden in Art und Weise ihrer Aufeinanderfolge erzeugt, wobei es soviel Zeitabschnitte wie Schichten sind.[48]

sowie:

> Die Gebirge bestehen aus umfangreichen Schichten, die von einer unendlichen Zahl kleiner Schichten gebildet werden.[49]

Noch vor diesen Hinweisen auf das Schichtenprinzips hat Füchsel eine weitere grundlegende Maxime herausgestellt:

> Allerdings ist die Art und Weise, wie die Natur heute wirkt und Körper erzeugt, bei diesen Erklärungen als Regel anzunehmen, eine andere kennen wir nicht.[50]

Nun wird es allerdings spannend: Wie hat der Autor unter diesen Voraussetzungen seine so gründlichen Beobachtungen interpretiert? Nachdem das Schichtenprinzip auf den Absatz von Stoffen aus einer Flüssigkeit gegründet ist, verwundert es kaum, dass Füchsel den Absatz von Gesteinen aus dem Meer für gegeben hält – und zwar *aller* Gesteine, die er in Thüringen angetroffen hat. Nachdem Thüringen in seinen Augen hinsichtlich der Erdgeschichte ein repräsentativer Teil der Erde ist, gilt die Entstehung der Gesteine aus dem Meer somit grundsätzlich überall. Füchsel ist der erste große Neptunist in der deutschen Geologie, und bald sollten ihm bekanntere und vor allem wirkungsvollere, wie Abraham Gottlob Werner in Freiberg, folgen.

Die Tücke dieser Interpretation besteht darin, dass von Gesteinen, die – möglicherweise auch aufgrund der in ihnen enthaltenen Versteinerungen – sehr zuverlässig als Meeresabsätze bestimmt werden können, auch auf jene Gesteine geschlossen wird, an denen diese Bildungsweise nicht deutlich zu sehen ist. So geraten schließlich auch Gesteine, die nicht aus abgesetztem Sediment, sondern kristalliner Natur sind – also vor allem jene Gesteine, die aus Schmelzen erstarrten – in den gleichen Entstehungszusammenhang wie die wirklichen Sedimentgesteine. Während aber der Absatz von Schlamm und Sand eine Erscheinung im Rahmen der Alltagsbeobachtung ist, gilt das nicht für die Kristallisation aus Schmelzen. Hier ignoriert Füchsel sein eigenes Postulat, nur Entstehungsweisen zuzulassen, die in der Gegenwart bekannt oder beobachtbar sind:

> [...] der Einwand, dass wir solches [die Ausfällung verschiedener Salz und Schlämme] aus dem Meersalz nicht nachzuahmen vermögen, hat keine Geltung, konnte doch bisher noch der größte Teil der Naturerzeugnisse nachgemacht werden. Hinsichtlich dieser Art von Werk hat man sich bisher nicht angestrengt.[51]

Es ist schon keck, wie Füchsel das Problem der Gesteinsbildung aus dem Wasser abschüttelt. Das fällt auch deshalb so leicht, weil er die alternative Möglichkeit offenbar gar nicht kennt. Der von Füchsel kartierte Bereich Thüringens ist keine Region, in der ein Beobachter auf junge vulkanische Zeugnisse oder massive Vorkommen von Granit trifft, die ihm vielleicht die Möglichkeit anderer Gesteinsbildungsvorgänge nahelegen könnten.

Weitere geologischer Prozesse, die von Füchsel übergangen werden, sind die Wirkungen von Verwitterung und Abtragung. Landschaftsformen werden stattdessen unmittelbar auf die ursprünglichen Ablagerungsbedingungen zurückgeführt.[52] Verstellungen von Schichten bedürften allerdings einer anderen Ursache: Erdbeben führten hier zum Einsturz der Erdkruste.[53]

Angesichts der so eindrucksvoll präsentierten Abfolge von Formationen kann es keinen Zweifel geben, dass Füchsel die Chronologie der biblischen Schöpfungsgeschichte verlassen hat und in die Dimension der erdgeschichtlichen Zeit vorgestoßen ist. Er spricht von anhaltenden Zuständen (*status*) in den marinen Ablagerungsräumen, die ein bestimmtes Zeitalter (*seculum*) währen und so den Charakter auch mächtiger Formationen bestimmen können. Er kann aus der Abfolge der Formationen eine mehrfache Veränderung der erdgeschichtlichen Bedingungen für die Bildung der Gesteine rekonstruieren.

Zugleich ist Füchsels Vorstellung von der Geschwindigkeit geologischer Prozesse noch immer so vom Tempo der direkt beobachtbaren Vorgänge bestimmt, dass er langsame Wirkungen wie Verwitterung und Abtragung nicht zu thematisieren vermag. Die Idee, erdgeschichtliche Prozesse könnten in einem krassen Missverhältnis zur menschlichen Beobachtungsperspektive stehen, liegt nicht in seiner gedanklichen Reichweite: Offenbar bleibt Füchsel trotz seines vehementen Vorstoßes in die erdgeschichtliche Dimension doch noch immer an die menschliche Wahrnehmungs-Dimension gebunden.[54]

So verwundert es nicht, dass Füchsel sich auch keine Veränderung des Menschen im Verlauf der Erdgeschichte vorstellen kann oder dass sich Sprache erst im Verlauf einer langen Menschheitsgeschichte entwickelt haben könnte. Der Verweis auf die Ursachen und Wirkungen der Gegenwart ermöglichen ihm zwar erste Schritte, in weiterer Folge entsteht ihm daraus aber ein methodologisches Gefängnis, aus dem heraus er keine umfassendere Entwicklungsgeschichte der Natur entwerfen kann.

Diese Beschränkung führt in seinem zweiten großen Werk, dem *Entwurf zu der ältesten Erd- und Menschheitsgeschichte, nebst einem Versuch, den Ursprung der Sprache zu finden* (1773), zu bemerkenswerten Widersprüchen.

Füchsel stellt zwischen Erde – Mensch – Sprache einen hierarchischen Zusammenhang her, wobei er die Gewichtung der Preisfrage verschiebt:

> Will man aber von der Sprache Alter und Ursprung so viel, als sich wahrscheinlicher Weise sagen läßt, und mit zusammenhängenden Beweisen niederschreiben, so ist hierzu kein besserer Rath, als daß man vom Erdball die Untersuchung anfange, denn von diesem Wohnsitze auf die Menschen, und endlich auf ihre Sprache fortschlösse […].[55]

Füchsel entwickelt nun – in Anlehnung an sein schon 1761 angelegtes Konzept – eine Erdgeschichte, in der Einstürze der Erdkruste zu Veränderungen in der Meer-Land-Verteilung führen. Zusammen mit der Ablagerung von Gesteinsformationen muss das in den Augen des Autors den Erdschwerpunkt und damit notwendig auch das Rotationsverhalten verändern. Zugleich wird die Erde infolge der Einstürze immer dichter, oder – wie er schon 1761 schreibt – sie sinkt in sich zusammen.[56] In letzter Konsequenz wird die Erde für den Menschen nicht mehr als Wohnplatz geeignet sein.

Die Pointe besteht nun darin, dass Füchsel sich offenbar einen Kollaps der Erde vorstellen kann, aber eben nicht eine Entwicklung des Menschengeschlechts oder der Sprache: Menschen wurden, soweit man die Zeit überblickt, immer nur von Menschen geboren, so wie Sprache nirgendwo erfunden, sondern immer nur von neu geborenen Menschen erlernt wurde.

Diese beschränkte Beobachtungsreferenz schließt jede Entwicklung aus, und tatsächlich lautet der Schluss: Es muss schon immer Menschen und auch Sprache gegeben haben. Damit gerät die Argumentation aber in eine widersprüchliche Situation mit dem geologischen Kollaps der Erde:

Während Menschen und Sprache schon immer existiert haben, gilt das nicht für Planeten, die im Laufe der Zeit bis zur Unbewohnbarkeit in sich zusammensinken. So gesehen, müssten die Menschen von Planet zu Planet gewandert sein:

> wird man nicht geneigt seyn, jedem alten Lande gleich anfänglich ein volles Volk, und keinen bloßen Stammvater zu geben? so wenig man jedem Lande nur eine einzige Pflanze von jeder Art, und ein einziges Pärchen von jeder Thierart wird geben mögen. Kann man wohl so ein Volk, und nach den vielen alten festen Ländern, die vielen Völker, ohne Sprache denken, und auf ihre Erfindung nachsinnen wollen? wird man nachdem nicht weiter zu folgern veranlaßt werden, daß also auch jedes alte und eigenartige Volk, welches mitten durch die gänzliche Verwandlung der Erde dennoch mit Beibehaltung seiner eigenen Art, seiner benachbarten Gegend, nebst seinen Pflanzen und Thieren behauptet hat, bey der Erzeugung der Erde, die gewiß nichts so grausames, als die Verwandlung haben konnte, von dessen Erzeugern den älteren Himmelskörpern, zum neuen Himmelskörper oder der jungen Erde, schon als ein so eigenes Volk übergegangen sei? wird es endlich nicht verständlich werden, warum die ältesten unzerstreuteren Völker den Einfall gehabt haben, von der Schöpfung der Erde reden zu wollen […]? (§68)

Es ist nicht klar, wie ernst Füchsel diesen Gedanken gemeint hat. War es eine lustvolle Spekulation, wollte er irritieren oder schockieren, oder versucht er gar ein ironisches Spiel? Es fällt schwer zu denken, Füchsel hätte wirklich an seine Worte geglaubt. Wie auch immer, keinen Zweifel kann es daran geben, dass Füchsel den Schlüssel zur tiefen erdgeschichtlichen Zeit, und von da aus rückwirkend auch eine kritische Sicht auf die zeitliche Struktur gegenwärtiger Prozesse, nur eingeschränkt gefunden hat.

Abraham Gottlob Werner: Der Buchhalter

Gegen Ende des 18. Jahrhunderts kommt es erstmals zur Entwicklung einer „Schule". Der an der Freiberger Bergakademie lehrende Abraham Gottlob Werner begleitet die mineralogische und bergmännische Ausbildung durch Vorträge zur Erdgeschichte. Viele Geologen, auch aus anderen Ländern Europas, haben als ehemalige Freiberg-Studenten die Vorstellungen Werners nahezu über die ganze Erde verbreitet.

Gestützt auf solide mineralogische Kenntnisse, hat Werner in Anlehnung an die Verhältnisse in Sachsen und Thüringen eine Abfolge von Gebirgs-Typen erfasst: Über dem massiven kristallinen *Uranfänglichen Gebirge* folgen die schichtartigen *Flötzgebirge*, welche wiederum von Lockersedimenten des *Aufgeschwemmten Gebirges* überlagert werden. Alle diese Gesteine wurden, ganz wie auch Füchsel es gesehen hat, aus dem Wasser abgeschieden. Mit dem Rückgang des Meeresspiegels wird in den Flötzgebirgen der Trend zur mechanischen Wiederaufarbeitung erkennbar.[57] Auch der Basalt wurde in diese Ausscheidungs-Reihe gestellt, was in der Folgezeit insbesondere in Deutschland zu heftigen Kontroversen führte.[58]

Erstmals, so schien es, war man zu einer ebenso vollständigen wie zuverlässigen Gliederung der Erdkruste gelangt. Von dem tiefsten, ältesten *Uranfänglichen Gebirge* bis hinauf zu den jüngsten, unkonsolidierten Bildungen des *Aufgeschwemmten Gebirges* war die Geschichte der Erde in offenbar zuverlässiger Weise erfasst.

Tatsächlich ist die Abfolge von einem kristallinen Grundgebirge hin zu den überlagernden, weniger beanspruchten Sedimentgesteinsfolgen in gewisser Weise universal und daher vielerorts nachzuvollziehen: Im Laufe der Erdgeschichte wurden die Kerne alter Gebirge mit ihren oft auch kristallinen Gesteinen freigelegt und in jüngerer Zeit von – noch – undeformierten Sedimenten überdeckt. Aber diese Abfolge ist nicht, wie Werner annahm, das Muster eines einmaligen, erdweit gleichzeitig stattgefundenen geologischen Prozesses: An anderen Stellen ist das Entstehungsalter des *Uranfänglichen Gebirges* ein ganz anderes, ebenso das der überlagernden, sedimentären *Flötzgebirge*.

Der Anspruch Werners war, dass die von ihm interpretierte Abfolge von Gebirgs-Typen nicht ein hypothetisches oder gar spekulatives Modell im Sinne vorangegangener „Theorien der Erde“ sei, sondern „theoriefreie“ Beobachtung. *Werner hat die Poesie der Metapher vom „Buch der Natur“ nicht gepflegt, sondern sie eher entzaubert*, indem er sich nicht als Interpret, sondern als *Rechnungsführer* oder Buchhalter darstellt.[59] Aber bald sollte sich zeigen, dass der sich seiner Objektivität so gewisse Rechnungsführer Werner nicht alle Posten im Buch der Natur im Blick hatte.

Die zweite Revolution: Das Buch der Natur erzählt auch die Geschichte des Lebens

Im Laufe der Jahrzehnte waren die Fossilsammlungen der Naturgeschichtler immer umfangreicher geworden. Seit dem ausgehenden 17. Jahrhundert war das Sammeln von Fossilien zu einer Art Breitensport der Naturgeschichte geworden: Ohne besonderen finanziellen Aufwand war es möglich, Zeugnisse der Sintflut zu horten und damit in gewisser Weise am historischen Weltgeschehen teilzunehmen. Die meisten Objekte waren zudem einfach auch „schöne“ oder „kuriose“ Schaustücke. Sammlungen wurden auch in Tafelwerken publiziert, die nicht selten selbst erheblichen Schauwert hatten und die Einheit von Bibliothek und Sammlung stärkten.[60]

Diese Sammlungen drängten nicht dazu, sich mit grundsätzlichen Gedanken wie „Aussterben“ oder gar „natürliche Entwicklung des Lebens“ zu befassen. Meistens handelt es sich bei den Sammlungsobjekten um marine Fossilien, und die Meeresräume waren zu unbekannt, um nicht vermuten zu können, dass es lebende Vertreter der im Stein gefundenen Zeugnisse geben müsse.[61] Bis in die Gegenwart hat das Meer tatsächlich immer wieder überraschende Dinge freigegeben: Man denke an die späte Entdeckung der lange als ausgestorben angesehenen Quastenflosser, oder an die von der Sonnenenergie unabhängigen Ökotope an den mittelozeanischen Rücken.

Wesentlich drängendere Fragen warfen die Knochenfunde auf, die im sibirischen Permafrost oder den Fränkischen Knochenhöhlen gefunden wurden.[62] Die Knochen konnten als Reste von Elefanten und Bären identifiziert werden, aber vor allem mangels Vergleichsmaterial war es anfangs nicht möglich, eine zuverlässige Bestimmung vorzunehmen und ausgestorbene Spezies von lebenden zu unterscheiden. Ungeachtet dieser Zuordnungsprobleme war es die Häufung solcher Funde, die auf eine große Katastrophe in der Vergangenheit verwies. Auch die in der Erde, im Eis oder in den Höhlen gefundenen Knochen wurden reflexartig erst mal als Zeugnisse der Sintflut angesehen.

Nur wenige Einrichtungen boten im ausgehenden 18. Jahrhundert ausreichendes Vergleichsmaterial, um das Aussterben einer Spezies wirklich als Tatsache erkennen zu können. Das Naturkundemuseum in Paris besaß in jener Zeit zweifellos die vollständigste Sammlung an Flora, Fauna und Fossilien. Als der noch junge Georges Cuvier (1769–1832) gerade erst eine Assistentenposition am *Musée National d'Histoire Naturelle* in Paris angetreten hatte, nahm er sich schon bald – im Jahr 1796 – Schädel, Unterkiefer und Zähne verschiedener Elefanten vor.[63] Sein Ergebnis war, dass das aus Sibirien stammende, als Mammut bezeichnete Tier weder mit dem asiatischen (Indischen), noch mit dem Afrikanischen Elefanten, und so am Ende mit keiner noch existierenden Spezies identisch sein konnte. Damit war das Mammut als eine in der Erdgeschichte ausgestorbene Art bestimmt. Cuvier hat sich dabei bewusst den Vorteil zu Nutze gemacht, dass große Wirbeltiere kaum zu übersehen sind: Würde das Mammut noch irgendwo auf der Erde existieren, hätte es wohl doch auch schon jemand sehen müssen.

Diese kurze Arbeit Cuviers enthält zwei Motive, die in der folgenden Zeit zu wesentlichen Elementen seines Denkens wurden:

> (1) Es gab eine Welt vor der heutigen, in der große Säugetiere lebten. Ein Teil dieser Spezies wurde aber am Ende dieses erdgeschichtlichen Abschnitts durch eine Katastrophe ausgelöscht (ausgestorbene Spezies wurden von Cuvier als „verlorene Spezies" (espèce perdue) bezeichnet).[64]
>
> (2) Neben den Resten der ausgestorbenen Säuger findet man k e i n e Reste des Menschen. Damit gibt es in den Augen Cuviers eine klare Trennung zwischen der Gegenwart, also dem kurzen Zeitraum der Menschheitsgeschichte und einer vorangegangene, langen Erdgeschichte. Die Existenz prähistorischer Menschen wurde erst viel später, in der Mitte des 19. Jahrhunderts bekannt und auch akzeptiert: Unsere Vorfahren haben letztendlich also doch zusammen mit den ausgestorbenen großen Säugetieren gelebt.

In den folgenden Jahren hat Cuvier zahlreiche Reste gegenwärtig nicht mehr existierender Säugetiere bearbeitet. Anfangs schien Aussterben nur ein Aspekt am Ende jüngeren Erdgeschichte zu sein, ein Ereignis, das die

Tafel 1: Der Mensch des 17. Jahrhunderts kannte weder eine Erdgeschichte noch seine eigene prähistorische Vergangenheit. Dennoch gab es genügend Erscheinungen, die auf eine dunkle Vorzeit verwiesen. Veränderungen in der Landschaft oder die Entstehung merkwürdiger Felsformationen waren allerdings kaum als natürliche Prozesse vorstellbar. Viel eher wurde an das Werk von Vorfahren gedacht, und wenn menschliche Kräfte nicht zu reichen scheinen, dann mussten es halt Riesen gewesen sein. Split Rock, Westküste Schottland

Tafel 2: Noch deutlicher als viele Felsformen mussten Gruppierungen wie die Lübbensteine von Hand geschaffen worden sein. Nahe der alten Universitätsstadt Helmstedt gelegen, erregten sie schon früh die Aufmerksamkeit der dortigen Gelehrten. So wurden sie erstmals schon im Jahr 1665 von dem Historiker und Rechtsgelehrten Hermann Conring beschrieben: De antiquissimo statu Helmestadii et viciniae coniecturae. Der Autor weist die Deutung als Werk von Riesen zurück und versucht, die Erscheinung aus der menschlichen Geschichte heraus zu verstehen. Der Gedanke an eine heidnische Vorzeit beginnt Form anzunehmen, die Unterscheidung menschlicher und natürlicher, erdgeschichtlicher Bodenfunde wird zu einer neuen Herausforderung. Lübbensteine bei Helmstedt, Niedersachsen

Tafel 3: Das Archiv der Erdgeschichte gleicht nicht einer abschließbaren Museumsvitrine. Ihre Zeugnisse können nicht vor den geologischen Kräften bewahrt werden, denen sie zugleich auch ihre Entstehung verdanken. Vor 400 Millionen Jahren, lange bevor es den Atlantik gab, haben sanfte Wellen an der Küste eines großen Sees die im Vordergrund erhaltenen Rippelstrukturen geschaffen. Nun werden sie von den Brechern des Atlantiks wieder aufgezehrt. Orkney Mainland, Nordküste (Schottland)

Tafel 4: Küsten sind Bereiche, an denen geologische Dynamik auch im Rahmen menschlicher Zeitmaßstäbe deutlich wird. Besonders an vom Meer geschlagenen Breschen kann die Brandung in ihrer unmittelbaren Gewalt erlebt werden. An einer solchen Kante stehend, kann sich wohl niemand der Einsicht entziehen, dass das Festland nicht von unangreifbarer Beständigkeit ist Orkney Mainland, Westküste (Schottland)

Tafel 5: Menschheitsgeschichtlich-historische Zeit und erdgeschichtliche Wirkungssphäre sind nicht durchweg in unterschiedlichen Wahrnehmungsbereichen angesiedelt. Immobilien an der Küste sind keine langfristig stabilen Investitionen. Bonifacio, Südküste von Korsika

Tafel 6: Die Felsen am Siccar Point haben die Zeit seit dem Besuch von James Hutton und seinen Freunden im Jahr 1788 offenbar ohne wesentliche Verluste überstanden. „Wir fühlten uns unvermeidlich in die Zeit zurückversetzt, in der der Schiefer, auf dem wir standen, noch auf dem Grund des Meeres lag, und der Sandstein vor uns gerade erst in Form von Sand oder Schlamm aus dem darüber befindlichen Ozean zur Ablagerung kam.“ Siccar Point, Ostküste Schottland

Tafel 7: Laune der Natur oder Launen der Tiere am Boden des Muschelkalkmeeres? Von vielen Lebewesen kennt man nur die Spuren, die sie im Gestein hinterlassen haben.
Unterseite einer Bank im Oberen Muschelkalk, Steinbruch „Gelbe Weiden" südlich Kulmbach, Oberfranken (Nordbayern).

Tafel 8: Eine besondere Form von Naturspielen entsteht durch Zufälle, in deren Folge Teile unterschiedlicher Organismen so zusammengeführt werden, dass sie auf den ersten Blick wie der Rest eines einzigen Objekts aussehen. In diesem Fall wird allerdings auch weniger erfahrenen Findern rasch klar werden, dass der fünfeckige Stern nicht ein natürliches Bauelemente der Muschel sein kann, an der er haftet. Zu bekannt und unverwechselbar sind die Formen der Seelilien, als dass ein solch schönes Mischwesen für authentisch gehalten werden könnte. Unterer Jura bei Neumarkt (Oberpfalz) – Sammlung Westhoven (Nürnberg)

Tafel 9: Das Gehäuse von Ammoniten zeigt oft filigrane Muster. Ihre regelmäßige Wiederholung ist ein gutes Indiz dafür, dass es sich hier um kein Naturspiel handelt. Es sind vielmehr die als Lobenlinien bezeichneten Anwachsspuren der im Gehäuseinneren gewachsenen Kammerscheidewände. Fotografiert im Museum des Geopark-Infomationszentrums Königslutter (Geopark Harz, Braunschweiger Land, Ostfalen)

Tafel 10: Monster im Wald sind für uns heutzutage lustvolle Spiele der Phantasie. Andere Kulturen wie die australischen Ureinwohner sind es hingegen gewohnt, in Felsen zu Stein gewordene Relikte ihrer Vorzeit zu sehen. Zyprianstein am Steinberg bei Rinnenrunn, Fahrweg zwischen Oberachtel und Bärnhof (Oberpfalz)

Tafel 11: Die Hinwendung zum „Buch der Natur" war der entscheidende Schritt zur Wahrnehmung und Rekonstruktion der Entwicklungsgeschichte der Erde. In der Erdgeschichtsforschung war das „Buch der Natur" aber mehr als nur eine Metapher: Das Aufblättern von Gesteinslagen war eine greifbare Analogie zum Buch. Vor allem dann, wenn die einzelnen Lagen so dünn wie Papier waren.
„Papierschiefer" des Oberen Lias, Hohlweg am Ortsrand von Hetzles, (Oberfranken)

Tafel 12: Jahrhunderte lang schritten gläubige Christen über die Zeugnisse der Erdgeschichte, ohne ihre Bedeutung wahrzunehmen.
Treppen mit Muschelanschnitten (Lias), Eingang zur Kathedrale Staint-Lazaire in Autun (Burgund)

Tafel 13: Die Wand des Tagebaus Schöningen repräsentiert nur kleinen zeitlichen Ausschnitt aus dem Tertiär. Dieser Abfolge aufliegend wurden vor einigen Jahren die „Schöninger Speere" gefunden: Zeugnisse jagender Frühmenschen vor etwa 270000 Jahren. Wände wie diese sind gut geeignet, den erdgeschichtlichen Zeitmaßstab gegen den menschlichen zu halten. Doch keine Wand auf der Erde kann allein hoch genug sein, um dieses Verhältnis wirklich angemessen zu repräsentieren. Braunkohletagebau Schöningen bei Helmstedt (Niedersachsen)

Tafel 14: Auch reliefarme, wenig spektakuläre Landschaften können im Untergrund überraschende Strukturen aufweisen. Diese Falten sind nicht durch die innere Dynamik der Erde verursachte Kräfte, sondern durch das Gewicht sich darüber schiebender Eismassen entstanden. Mors, Abbaugrube in der Näher des Moler-Museums (Dänemark)

Tafel 15: Das Schichtenprinzip ist an sich eine einfache Ordnungsregel: Die jeweils obere Lage ist relativ jünger als die untere. Doch nicht immer ist auf den ersten Blick zu sehen, wo oben und unten ist. Crackington-Formation des Oberkarbon, Millock Haven (Cornwall)

Tafel 16: Über steil gestellten, dunklen Kalksteinen des Devons lagert weitgehend horizontal der helle Dolomit aus dem Zechstein. Diese Situation entspricht dem Profilschnitt Füchsels in der Abbildung 7 auf Seite 40 (unten). Die strukturellen Verhältnisse sind denen am schottischen Siccar Point ähnlich, nur hat Füchsel damit eine andere Geschichte verbunden, und nicht so tief in den Abgrund der Zeit geblickt als Hutton und seine Freunde. Die Bohlenwand an der Saale vor Saalfeld (Thüringen)

vom Menschen besiedelte Gegenwart von der in den Knochenhöhlen oder im sibirischen Eis dokumentieren Lebenswelt trennte. Doch die Funde in der Umgebung von Paris stammten aus älteren Festgesteinen.[65]

Diese Knochen waren aber nicht einfach aufzusammeln: Oft mussten sie erst aufwändig aus dem Gestein, insbesondere dem „Gips von Montmartre", herauspräpariert werden. Cuvier nutze diesen erschwerenden Umstand zu einer – bald zum Mythos gewordenen – Demonstration seiner anatomischen Kompetenz. Anhand einiger aus dem Stein freiliegender Gebissteile hatte er die Prognose ausgesprochen, dass es sich um ein Beuteltier handeln müsse. Mit der weiteren Freilegung konnte das Auditorium erleben, wie dann tatsächlich auch die weiteren, für Beuteltiere charakteristischen anatomischen Merkmale ans Licht kamen.[66]

Mit diesem im Jahr 1804 stattgefundenen Ereignis hatte auch die Methode der *Vergleichenden Anatomie* ihren wahrscheinlich spektakulärsten öffentlichen Auftritt. Cuvier hat diese eigentlich traditionelle naturgeschichtliche Praxis nicht nur mit seiner außergewöhnlichen Sachkenntnis, sondern auch mit einem besonderen theoretischen Anspruch untermauert: dem *Prinzip der Korrelation der Organe*. Alle Teile des Organismus greifen demnach – wie die einer Maschine – ineinander, und damit wird auch Form und Funktion des einen durch die des anderen mitbestimmt.

Dieses Prinzip scheint auf den ersten Blick nicht von geologiegeschichtlicher Bedeutung zu sein. Aber Cuviers besondere Sicht auf die Erdgeschichte, nämlich der von ihm proklamierte *Katastrophismus*, steht mit diesem Prinzip in engem Zusammenhang: Die Korrelation der Organe macht in seinen Augen jede evolutionäre Entwicklung unmöglich, denn schon die kleinste Veränderung eines anatomischen Bauteils würde diese perfekt abgestimmte Einheit und damit die Überlebensfähigkeit der Spezies in Frage stellen.

So entstand am Beginn des 19. Jahrhunderts innerhalb weniger Jahre der Eindruck, dass die Zeugnisse der Erdgeschichte von einer Welt berichten, die in ihren Lebensformen erheblich von der heutigen abwich. Cuvier war es damit gelungen, einen Keil zwischen Gegenwart und geologische Vergangenheit zu treiben: Letztere wurde durch viele heute nicht mehr existierende Spezies bestimmt, die schließlich durch eine Katastrophe ihr Ende fanden. Erst die Gegenwart ist die Zeit des Menschen, der somit eine junge Erscheinung auf der Erde ist. Später, im Jahr 1812, kann sich Cuvier in seinem berühmten *Discours* etwas kokett als der Gelehrte rühmen, der – gleich einem mit neuen wissenschaftlichen Methoden arbeitenden Antiquar – die Grenzen der historischen Sphäre zu überschreiten vermochte:

> Wäre es nicht auch zu Ruhme der Menschheit, die Grenzen der Zeit zu überschreiten [franchir les limits du temps], und mittelst einiger Beobachtungen eine Geschichte der Erde und eine Folge von Ereignissen zu finden, welche an Alter das menschliche Geschlecht übersteigen?[67]

Mit den Funden in den Schichten des Pariser Beckens wird das Aussterben bzw. die Katastrophe nicht nur ein singulärer Effekt vor dem Erscheinen des Menschen, sondern zu einem allgegenwärtigen Aspekt der Erdgeschichte. Schon sein erster großer Schritt, die Trennung der erdgeschichtlichen Gegenwart von einer vorangegangenen Epoche, war alleine durch die Unterschiede in der Komposition der Spezies begründet. So wie die Gegenwart durch die Existenz des Menschen gekennzeichnet wird, bestimmten große, heute ausgestorbene Säugetiere die Vorzeit. Die Arbeiten mit den tertiärzeitlichen Gesteinen des Pariser Beckens, mit dem Gips von Montmartre, erweiterten die Perspektive tiefer hinein in die Erdgeschichte, die wiederum durch andere, ebenfalls ausgestorbene Spezies charakterisiert wird.

Die Art der Gesteine spielte für diese Art der erdgeschichtlichen Gliederung nur eine unbedeutende Rolle. Es waren die Lebensformen, an denen sich ein erdgeschichtlicher Abschnitt identifizieren ließ. Dieses Konzept fand eine mustergültige Ausführung in einem Werk, das Cuvier zusammen mit seinem Mitarbeiter Alexandre Brogniart im Jahr 1808 publizierte: „Versuch zur mineralogischen Geographie der Umgebung von Paris", im Original: *Essai sur la géographie minéralogique des environs de Paris.*[68] Eine zweite Ausgabe im Jahr 1811 war durch grafische Beilagen entschieden verbessert worden: Eine Geologische Karte mit Profilskizzen (*sections*) unterstütze die dreidimensionale Wahrnehmung des Gebiets: Der Anatom Cuvier seziert die Haut der Erde – und darin finden sich Lagen mit jeweils unterschiedlichen Lebensformen![69]

Dazu wurden aber auch noch Ausschnitte der Schichtabfolgen mit ihrem Fossilinhalt wiedergegeben. Gerade dieser Aspekt der Erdgeschichte war bisher noch nie in einer derart geordneten Weise präsentiert worden. Radikal neu war, dass die Gliederung der Formationen jetzt mit der in ihnen enthaltenen fossilen Fauna und Flora verknüpft wurde. Spätestens mit dieser Arbeit leiten die Autoren in der Geschichte der Geowissenschaften ein weiterer Paradigmenwechsel ein: Die Formationen, bei Füchsel und Werner durch mineralogische Prozesse geprägte Einheiten der Erdkruste, sind nun zu *Zeugnissen von Lebensräumen* geworden. Weniger die mineralogische

Konsistenz, als die Faunenassoziationen charakterisieren die einzelnen Abschnitte der Erdgeschichte.

Der Begriff „Fossil“ kommt eigentlich von „graben“, hat aber erst durch Cuvier seine heutige Bedeutung erhalten. In der Freiberger Geologenschule bedeutete „Fossil“ in jener Zeit noch immer „ein aus dem Gebirge gewonnenes Mineral“.[70] Die in den Gesteinen gefundenen Organismenreste sind im Wesentlichen Zeugnisse *ausgestorbener Spezies*. Fossil bedeutet für uns heute: gegenwärtig nicht mehr existent.

Der *Discours préliminaire*, als Einleitung zu den *Ossements fossiles* (1812) geschrieben, fasst die Ansichten Cuviers zum Charakter der Erdgeschichte in allgemein verständlicher Weise zusammen. Diese „einleitende Rede“ wird als gesondertes Werk auch mehrfach in deutscher Sprache herausgegeben – bis in die Mitte des 19. Jahrhunderts ist es der Standardtext zur Erdgeschichte aus der Perspektive der „Katastrophentheorie“.[71]

Das „Buch der Natur“ – sofern es aus den Gesteinen der Erdkruste gelesen werden kann – wird nun als Erzählung einer inhaltlich gesamten Naturgeschichte wahrgenommen: Erdgeschichte ist auch Geschichte des Lebens. Der Geschichte, die das Buch erzählt, fehlt allerdings in einem wesentlichen Punkt der Zusammenhang: So wie die in Gesteinsschichten dokumentierten Zeugnisse die Interpretation vom vielfachen Aussterben infolge von „Katastrophen“ nahelegen, so offen bleibt die Frage, woher die Fauna und Flora der nächsten, jeweils jüngeren Formation stammen. Haben sie irgendwie und irgendwo die letzte Katastrophe überlebt oder waren sie inzwischen gar neu entstanden?

Cuvier ist diesem Problem – auch als Demonstration methodologischer Konsequenz – ausgewichen: Über die Herkunft der neuer „Schöpfungen“ geben die Gesteine keine Auskunft. Hierzu, wie auch zu den näheren Umständen der Katastrophen, kann der Autor keine Auskunft geben. Im *Discours*bringt Cuvier dieses Problem mit folgenden Worten auf den Punkt:

> Der Faden der Thätigkeiten ist zerrissenen, der Gang der Natur ist verändert; und keines der Agentien, die sie heutzutage anwendet, würde zugereicht haben, um ihre alten Wirkungen zustande zu bringen.[72]

Der Wandel selbst bleibt im Dunkel, aber das Problem war nun in die Welt gesetzt.

Die fehlenden Seiten

Georges Cuvier hätte noch so viel erdgeschichtliche Zeit zur Verfügung haben können – eine natürliche Entwicklung der Spezies wäre dennoch an seinem Bild vom Organismus gescheitert. Für eine in ihren Bauteilen perfekt abgestimmte Einheit hätte jede Veränderung eines anatomischen Elements fatale Fehlfunktionen zur Folge gehabt. Solche Veränderungen im Bauplan wären noch eher als Ursache für das Aussterben als für die erfolgreiche Entwicklung einer Spezies denkbar gewesen.

Auch wenn er mit seinen geologischen und paläontologischen Arbeiten „die Grenzen der Zeit zu überschreiten“ vermochte, bleibt doch im Dunkeln, wie umfangreich Cuvier sich die erdgeschichtliche Dimension tatsächlich vorgestellt haben mag. Wir können nur feststellen, dass er zwar in einzelnen Fällen in der Abfolge der Formationen Aufzeichnungslücken für möglich gehalten hat,[73] aber solche Fehlstellen hatten in seinem Bild von der Erdgeschichte insgesamt wenig Bedeutung. Jede in der Schichtabfolge als „plötzlich“ erscheinende Veränderung des Faunenspektrums wurde in ein ebenso plötzliches Aussterbe-Ereignis übersetzt, auch wenn es dafür keine verständliche Erklärung gab und der „Faden der Tätigkeiten zerrissen“ schien. Cuvier, so scheint es, hat die Erdgeschichte aus dem Zeitgefühl der menschlichen Gegenwart heraus interpretiert.

Aber warum sollte man nicht versuchen, in umgekehrter Weise die Gegenwart aus der erdgeschichtlichen Perspektive zu sehen? Auf den ersten Blick mag ein solcher Gedanke wenig interessant sein, denn es geht ja eigentlich darum, die erdgeschichtliche Vergangenheit zu verstehen. Aber es sollte sich zeigen, dass eine solche Perspektive beträchtliches wissenschaftliches Potential hatte. Vielleicht gab es ja Prozesse, die so langsam verlaufen, dass wir sie in der Gegenwart gar nicht direkt beobachten können. Dann könnten wir ihnen nur auf die Spur kommen, wenn wir sie aus der Verknüpfung erdgeschichtlicher Zeugnisse rekonstruieren und prüfen, ob sie sich mit den Beobachtungen in der Gegenwart vereinbaren lassen.

Eine solche Umkehrung der Perspektive ergab sich nicht ohne weiteres aus der Beobachtung erdgeschichtlicher Zeugnisse. Es bedurfte einer intensiven Auseinandersetzung mit diesen Zeugnissen und einem fortgesetzten Abwägen, wie repräsentativ unsere Gegenwart als Ausschnitt der Erdgeschichte insgesamt sein konnte. Erst als ein solches Denkmuster möglich geworden war, konnte man neue, erdgeschichtlich bedeutende Prozesse zumindest als Hypothese formulieren. Ein Prozess dieser Art ist letztlich auch die Evolution, so wie sie von Darwin als ein ebenfalls in der Gegenwart nicht direkt beobachtbarer Prozess konzipiert wurde.

Aber es war nicht Darwin selbst, der diesen ungewöhnlichen Blick auf die Gegenwart entwickelt hat, sondern der Schotte Charles Lyell. Geboren im Jahr 1797, dem gleichen Jahr, in dem James Hutton starb, scheint ihm dieser noch in die Wiege gelegt zu haben: *Look into the abyss of time*! Blicke in den Abgrund der Zeit!

Während am Beginn des 18. Jahrhunderts noch pauschal alle fossilführenden Sedimentgesteine als Ergebnis einer einzigen großen, monate- oder jahrelangen Flut angesehen wurden, sieht Charles Lyell – nun mehr als hundert Jahre später (1833) – selbst in jeder dünnen Lage eine lange Periode der Vergangenheit repräsentiert. Die erdgeschichtliche Zeit wird länger, weil die Seiten im Buch der Natur oft viel dünner sein können, als gemeinhin angenommen wird:

> Im Berg von Barrat [Auvergne], zum Beispiel finden wir eine Gruppe kalkiger und kieseliger Mergel, in denen bis zu einer Tiefe von mindestens 60 Fuss [ca. 20 m] die einzelnen Lagen so dünn sind, dass dreißig von ihnen manchmal in einer nur 1 inch dieser Folge enthalten sind [2,54 cm]; und wenn man sie auftrennt, dann finden wir in jeder ihnen die platt gedrückten Stengel von Charae [Grünalgen] oder anderer Pflanzen, oder Myriaden kleiner Paludinae [Muscheln] und anderer Süsswassermuscheln. Diese winzig dünnen Blätter des Mergels erinnern genau an rezente laminierte Schichten schottischer Mergelseen, die – wenn man sie auseinander trennt – mit den Seiten eines Buchs verglichen werden können, von denen jede eine Geschichte eines bestimmten Zeitraums der Vergangenheit enthält. [...] So wunderbar winzig sind die einzelnen Lagen, aus denen manche der mächtigsten geologischen Monumente aufgebaut sind![74]

Betrachtungen wie diese lassen erkennen, dass ihr Autor zu einer großzügigen Perspektive neigt. Die Erdgeschichte besteht in seinen Augen möglicherweise auch da aus vielen „Zeit-Einheiten", wo andere Geologen gedanklich ganz schnell einige Meter Sediment zum Absatz kommen lassen. Der Verlauf des Sedimentationsprozesses gleicht hier auch eher einem langen und nahezu gleichförmig ruhig verlaufenden Fluss, in dem offenbar auch keine Andeutung heftigerer oder gar katastrophaler Ereignisse zu finden ist.

Charles Lyell betrachtete den von Cuvier so ausdrücklich zerrissen Faden als wenig passend für eine Wissenschaft. Seine *Prinzipien der Geologie*[75] sollten der noch jungen Disziplin Struktur und Reife geben, wobei es wichtig erschien, besonders ihre spekulativen Aspekte zu überwinden. Cuviers „zerrissener Faden“, sowie die postulierten Katastrophen, waren in den Augen Lyells solche problematischen wissenschaftlichen Elemente. Die Mittel, mit denen Lyell den Faden wieder verknüpfen und Katastrophen als Irregularitäten im Lauf der Dinge überwinden wollte, hießen: Gleichförmiger Fluss der Veränderungen – und viel Zeit!

In den *Prinzipien* greift Lyell immer wieder auf Gedankenexperimente zurück, um zu verdeutlichen, dass viele Erscheinungen nur deshalb als plötzlich oder katastrophenartig erscheinen, weil man bei der Interpretation nicht bedacht hat, dass die erdgeschichtliche Aufzeichnung nicht durchweg vollständig sein muss. Große Zeitlücken oder auch nur Fundlücken können die Dokumentation der wirksamen Prozesse so unterbrechen, dass sprunghafte Veränderung im Erscheinungsbild vorgetäuscht werden, sei es in Hinblick auf die andauernde Umgestaltung der Erdoberfläche, sei es in der Entwicklung der Spezies.

Die Lücken, die Cuvier erwogen, aber durch eher kurze, heftige Prozesse verursacht sah, werden bei Lyell nun zu Abschnitten nicht dokumentierter erdgeschichtlicher Zeit. Selbst das Bild von den vielen dünnen Schichten im Buch der Natur kommt nicht ohne solche Lücken aus, denn jede noch so zarte Schichtfuge ist das Resultat einer Veränderung oder gar vom Aussetzen der laufenden Sedimentation. Wenn in den nicht dokumentierten Lücken viel Zeit hinein gedacht wird, vergrößert sich die Dimension der Erdgeschichte, zumindest in der Vorstellung, nochmals gewaltig. Dabei gibt es vorneweg kein Maß, die zeitliche Dauer einer solchen Lücke zuverlässig bestimmen zu können.

Der Zeitdimension der „Lücke“ kam damit erhebliche Bedeutung zu: Nur dann, wenn diese Lücken wesentlich länger wären als die über mehrere tausende Jahren belegte Unveränderlichkeit der Spezies, gäbe es überhaupt eine Chance, einen natürlichen Prozesse der Veränderung denken zu können. Die Aufgabe, unterschiedliche Zeitdimensionen in ein plausibles Wechselspiel zu setzen, fand mit dieser Fragestellung sicher ihre größte Herausforderung.

Ein Jahr vor dem Erscheinen von Darwins „Vom Ursprung der Arten“ zeichnet Heinrich Georg Bronn in seiner *Untersuchung über die Entwicklungs-Gesetze der organischen Welt*[76] ein drastisches Bild von der verwirrenden Unvollständigkeit des Fossilberichts:

> Die Erdrinde ist ein großes Buch: ihre Schichten sind die Blätter derselben, Versteinerungen die Buchstaben des Alphabets womit es

> geschrieben, und der Inhalt ist die Geschichte der Schöpfung, von der uns kein lebender Augenzeuge Nachricht geben kann. ***Aber jene Blätter liegen unvollständig, zerrissen durcheinander geworfen und verblichen vor uns*** [Hervorheb. GH]: wir müssen sie ordnen und das Fehlende zu ergänzen suchen; manche Lücken lassen sich aus anderen Stellen wieder herstellen; die Interpretation findet weiten Spielraum und die Entdeckung neuer Bruchstücke, welche bisher gefehlt, macht nicht selten die Emendation [„Korrektur", G.H:] früherer Einflickungen nothwendig.

Bronn zeigt in seinem Werk die Veränderungen der Lebensformen auf, wie sie anhand der Fossilfunde dokumentiert sind. Aber er ist nicht in der Lage, Gegenwart, Erdgeschichte und Überlieferungslücken in ein zeitliches Verhältnis zu setzen, das ihm den Weg zu einer Lösung öffnen könnte. So bleibt ihm, wie all den anderen, die das Spiel mit der Zeit nicht mit der notwendigen Souveränität beherrschten, wiederum nur die Folgerung, dass in der Gegenwart offenbar nicht die Kräfte wirken, wie sie die erdgeschichtlichen Zeugnisse eigentlich erfordern würden:

> Das große „Geschichtsbuch der Erde" lässt uns gänzlich über die Kraft im Dunkeln, welche die Aufeinanderfolge der Formen der organischen Reiche hervorgebracht hat. Wir erkennen, dass dieselben physikalischen und chemischen Naturkräfte, welche noch heutzutage alle Bewegungen lenken und regeln, auch genügt haben diejenigen zu veranlassen und fortzuführen, welche die Erde und die Erdrinde gestaltet habe; aber wir sehen heutzutage keine neuen Geschlechter und Arten von Pflanzen und Thieren mehr entstehen; die Kraft, welche sie hervorgebracht, ist uns unbekannt, und auch die Erd-Schichten bieten uns nicht die Mittel dar, diese Kraft zu entziffern.[77]

Was die Entwicklung des Lebens betraf, konnte ein Mechanismus aus der Gegenwart heraus nicht ermittelt werden. Bronn versuchte, diese Lücke mit einem Griff in den Zauberkasten romantischer Naturphilosophie zu lösen: eine „Schöpfungskraft" soll es gewesen sein, die in der Erdgeschichte die vielen Spezies hervorgebracht hat, heute aber nicht mehr am Wirken ist.

Eine wirklich entwicklungsgeschichtliche Lösung zur Entstehung neuer Spezies brauchte Zeit – so viel Zeit, dass unsere menschliche Gegenwart zu einem kaum mehr wahrnehmbaren, winzigen Augenblick schrumpft.

Vulkane: Das hohe Alter geologisch jung erscheinender Formen

Die Besonderheit vulkanischer Landschaften

Bevor wir uns näher ansehen, wie Darwin in bis dahin noch nie dagewesener Weise aus der erdgeschichtlichen Zeit geschöpft hat, können wir eine Landschaft besuchen, deren Formenschatz die Vorstellungen von der Tiefe der erdgeschichtlichen Zeit in besonderer Weise unterstützt hat. Die Vulkanlandschaft der Auvergne hat Generationen von Geologen Mittel in die Hand gegeben, das Verhältnis von Erdgeschichte und Gegenwart so einzustellen, dass die menschliche Gegenwart aus der fernen Perspektive der Erdgeschichte auf das denkbar kleinste Maß reduziert wurde.

Normalerweise war die Herausarbeitung der erdgeschichtlichen Zeitdimension auf die Anwendung des Schichtenprinzips gegründet. Besonders günstig waren die Bedingungen in Regionen, in denen die Schichtenfolgen in deutlich unterschiedliche Formationen gegliedert werden konnten. Diese Formationen repräsentierten dann in sich weitgehend einheitliche Bildungsbedingungen – der Wechsel von einer Formation zur nächsten entsprach somit auch einer wesentlichen Veränderung in den erdgeschichtlichen Bedingungen. Der Wechsel von „Landgeburten“ und „Meeresgeburten“, wie Georg Christian Füchsel das genannt hat, verlängerte die Erdgeschichte alleine schon durch die Vervielfältigung unterschiedlicher Bildungsabschnitte.

Aber nicht jede Landschaft gibt dem geologischen Betrachter in gleicher Weise Schlüssel zur Bestimmung ihrer Geschichte in die Hand. Während sich die Erdgeschichte über das Schichtenprinzip in vielen Regionen mehr oder weniger gut rekonstruieren lässt, sind Landschaften, in denen sich Vorstellungen zum schwierigen Verhältnis geologischer und menschlich-historischer Zeiträume entwickeln lassen, viel seltener.

Landschaften können in ihrem Formenschatz jung oder alt sein. Es gibt Landschaften, in denen offenbar auch über lange Zeiträume wenig geschehen ist, und Landschaften, die wie gerade erst geschaffen erscheinen. Eiszeitlandschaften sind solche Landschaften. Kaum hat sich das Eis zurückgezogen, wird ein Formenschatz sichtbar, der so neu und frisch erscheint, als wäre die Erde gerade erst wie ein Kunstwerk enthüllt worden. Steile Moränenwälle, Toteis, verschliffenes und gekritztes Gestein, verstreute erratische Blöcke – all das sind Elemente, die den noch frischen Charakter dieser Formen belegen.

Auch Vulkanlandschaften gehören zu diesen jungen, in aktiven Gebieten sogar noch in Bildung begriffenen Landschaften. Wie den Eiszeitlandschaften sieht man ihnen gut an, ob die Formen noch frisch sind, oder ob Wind und Wetter schon vieles verwischt oder gar unkenntlich gemacht haben.

Maare, Schlackenkegel, Lavaströme – jeder kann sich in einem aktiven Vulkangebiet einen Eindruck davon verschaffen, wie diese Formen aussehen, wenn sie gerade erst entstanden sind. Im Laufe der Zeit verlanden die Maare, ihr Wall wird abgetragen, so wie auch Schlackenkegel im Laufe etwas größerer Zeiträume letztlich nahezu spurlos verschwinden werden. Vulkanlandschaften sind daher, wie auch die Eiszeitlandschaften, besonders gut geeignet, anhand der Veränderung der Formen einen natürlichen Zeitmaßstab zu entwickeln.

Guettards Entdeckung von Vulkanen in der Auvergne im Jahr 1751 war der Startschuss für die erdgeschichtliche Forschung nach Vulkanen auch in Regionen, in denen bis dahin überhaupt keine „feuerspeienden Berge“ bekannt waren.[78] Schon diese Entdeckung zeigt, dass Vulkanlandschaften charakteristische Eigenschaften haben, die es auch jenen ermöglicht, sie als solche zu erkennen, die – wie Guettard – zuvor noch gar keine aktiven Vulkane gesehen haben. Vulkanische Gesteine waren dann leicht zu bestimmen, wenn sie blasig waren oder Spuren von Schmelzfluss zeigten. Folgte man – wie zu jener Zeit Guettard – ihrem Verlauf, dann stand man irgendwann vor einem kegelartigen Berg mit einem Krater, einer unmissverständlich als Vulkan identifizierbaren Form.

Die Gliederung in erdgeschichtliche Epochen durch Nicolas Desmarest

Ein nächster Besucher, der sich in besonderer Weise mit den Vulkanen der Auvergne befasste, war Nicolas Desmarest (1725–1815). Ihm gelang es in sehr einfacher wie überzeugender Weise zu demonstrieren, dass Basalt tatsächlich ein vulkanisches Gestein ist. Diese Zuordnung allein auf Grund der Konsistenz des Gesteins zu treffen, war zu jener Zeit problematisch. Da Basalt überwiegend als nicht-blasiges, dichtes oder feinkristallines Gestein auftritt, fehlen ihm in der Regel die Eigenschaften, die seine vulkanische

Natur unmissverständlich anzeigen. Dies ist der Grund dafür, dass die Natur des Basalts so lange kontrovers war, und diese Kontroversen auch nach der Bestimmung von Desmarest noch anhielten – entweder weil seine Beitrag nicht zur Kenntnis genommen wurde oder unklar war, ob das vorliegende Gestein auch wirklich das gleiche war, das Desmarest vor Augen hatte.[79]

Ein weiterer erschwerender Umstand bei der Beurteilung des Basalts war, dass das Gestein in Mitteleuropa wie auch auf den Britische Inseln durchaus häufig war, aber zumeist kein räumlicher Zusammenhang mit eindeutigen vulkanischen Formen bestand. Aufgrund des relativen hohen – tertiärzeitlichen – Alters waren die Vulkangebäude selbst nicht mehr erhalten. Zudem waren viele Basalte auch nicht Reste von Lavaströmen, sondern von Intrusionen, also von in Nebengesteine eingedrungenen Schmelzen. Solche Intrusionen bilden oft unregelmäßig geformte Körper, denen ebenfalls die charakteristischen Kennzeichen oberflächlich ausgeflossener Lavaströme fehlen.

Eine häufige Erscheinung des Basalts ist die Absonderung in Säulenklüftung. Diese mitunter spektakulären Formen entstehen infolge der bei der Abkühlung der Lava einsetzenden Kontraktion – die Erscheinung ist daher auch nicht auf den Basalt beschränkt, sondern findet sich in vielen anderen vulkanischen Gesteinen. Ein dunkles, feinkörniges Gestein mit Säulenklüftung wird aber dennoch in den meisten Fällen ein „Basalt" sein.[80] Im 18. Jahrhundert wäre man nur schwer in der Lage gewesen, hier weitere, feinere Unterscheidungen zu treffen. Die Folge war, dass Säulenklüftung als ein sehr zuverlässiger Hinweis auf Basalt angesehen wurde.

In Säulenklüftung abgesonderte Basalte sind in der Auvergne häufig zu finden. Desmarest konnte so ohne erhebliche Mühe nachweisen, dass ihr so spektakulär erscheinendes, dunkles, allgemein als Basalt bezeichnetes Gestein vulkanischer Natur ist, indem er ihr Vorkommen von den Lavaströmen bis zu ihren Ursprung aus einem Krater zurückverfolgen konnte. Diese Beobachtung ist Grundlage seines Beitrages in der berühmten *Encyclopédie* im Jahr 1768.[81]

Neben der Reproduktion einer Gravur vom Giants Causeway – die Schöpferin Susanne Drury ist dort nicht genannt – findet man darin zwei Ansichten von Säulenbasalt aus der Auvergne und einen kurzen Artikel „Basalte d'Auvergne".[82] Dieser erläutert, dass ein Monsieur Desmarest im Jahr 1763 auch in der Auvergne Säulen wie am Giants Causeway entdeckt und er in den folgenden Jahren 1764–1766 nachweisen konnte, dass diese Teile von Lavaströmen sind.

In dem 1774 in der *Histoire de l'Académie* gedruckten Beitrag Desmarests wird diese Erkenntnis schließlich auch in einer wissenschaftlichen Zeitschrift bekannt gemacht. Diesem Beitrag ist zudem eine erste – nein, die erste! – vulkanologische Karte beigefügt: Eine Karte, in der Lavaströme und Krater verzeichnet sind.[83] Doch das ist nicht alles: Desmarest unterscheidet in dieser Karte auch zwei Generationen von Lavaströme: *anciens courants* (alte Ströme) und *courants modernes* (neuzeitliche, heutige Ströme).

Die Unterscheidung in zwei unterschiedliche Lava-Generationen wird dann erst einige Jahre später (1774) ausführlich begründet: Der Zustand der Lavaströme wird von Desmarest als Schlüssel zur Unterscheidung mehrere erdgeschichtlicher Epochen benutzt.[84]

An dieser Stelle muss man sich über die besonderen geologischen Umstände der Region um Clermont-Ferrand im Klaren sein. Die Stadt selbst liegt in einer breiten Tallandschaft, der Limagne. Die Entstehung dieser Tallandschaft geht auf einen tertiärzeitlich eingebrochenen, tektonischen Graben zurück. Sein Nord-Süd verlaufender Rand unmittelbar westlich Clermonts wird durch einen Bergrücken aus Granit und anderen alten Kristallingesteinen begrenzt. Ihm sitzen die jungen Vulkane der Chaine des Puys als die „Kette der Berggipfel" auf – die Kette ist, wie die tektonische Begrenzung des Limagne-Grabens, in Nord-Süd-Richtung orientiert. Die aus den Kratern der Puys ausgetretenen Lavaströme sind zumeist nach Osten, hinunter in den Limagne-Graben, gelaufen.

Die Chaine des Puys ist die Folge eines sehr jungen Vulkanismus. Die Ausbrüche konzentrieren sich auf einen Zeitraum von 10000–6000 Jahren und reichen damit in die Jungsteinzeit. Geologisch betrachtet ist sie „Gegenwart". Doch vor dieser jungen Phase gab es auch ältere Eruptionen. Der berühmte, von einer Lava eingenommen Rücken der *Montagne de la Serre*, hat ein Alter von ca. 3 Millionen Jahren, die zwei Basaltlagen des Plateaus von Gergovie gar von 16 bzw. 19 Millionen Jahren.[85]

Zur Zeit der älteren Eruptionen war die Grabenbildung tektonisch zwar schon lange abgeschlossen. Der Graben selbst war während seiner Absenkung mit Sedimenten verfüllt worden, so dass er zu dieser Zeit landschaftlich weit weniger auffälliger war als heute. Die erosive Ausräumung der wenig robusten Sedimentfüllung des Limagne-Grabens begann erst mit der im Quartär einsetzenden Heraushebung. Die Folge dieser erdgeschichtlichen Entwicklung ist, dass die älteren, vor der Heraushebung gebildeten Laven heute in der Limagne hohe Geländeniveaus einnehmen, während die jungen Laven den auf das heutige Tiefland zulaufenden Tälern folgen.

Da die Lavaströme stets – wie Wasser, nur wesentlich zähflüssiger – zu den jeweils tiefsten Geländeniveaus laufen, markieren sie zuverlässig das Niveau der Talböden zur Zeit ihrer Platznahme. Die soeben skizzierte erdgeschichtliche Entwicklung der Region hat damit eine in Europa in diesem Umfang einzigartige Kulisse zur naturgeschichtlichen Dokumentation der fortschreitenden Taleintiefung geschaffen.

Desmarest, der diese Anbindung der Lavaströme an die vorgegebene Tallage erkannte, interpretierte hoch gelegene Basaltlagen deshalb folgerichtig als Zeugnisse alter, einst höher gelegener Talböden. Diese physikalisch notwendige Folgerung könnte man sogar anschaulich demonstrieren, wenn man an der Basis auch der hochgelegenen Lava Flussschotter finden würde. Desmarest selbst erwähnt diese Möglichkeit nicht. Spätere geologische Besucher der Auvergne – George Scrope und Charles Lyell – haben solche Stellen aber gefunden und das Gewicht genutzt, das sich daraus für ihre Argumentation zusätzlich gewinnen ließ. In der heutigen Sprechweise der Geologie würde man wahrscheinlich sagen: Hochgelegenen Lavastrom-Reste werden als Proxydaten (oder einfach Proxies, das heißt: Stellvertreter-Daten) für ehemalige Tallagen genommen.

Die unterschiedlich hoch gelegenen Reste vulkanischer Eruptionen ermöglichen Desmarest die Schlussfolgerung, dass die vulkanische Aktivität über lange Zeiträume angehalten oder zumindest immer wieder wirksam geworden ist. Vulkanismus kann deshalb nicht als eine seltene Ausnahme im Lauf der Natur angesehen werden, er muss vielmehr Teil des normalen Gangs der Erdgeschichte sein. Er sieht auch, dass die vulkanischen Gesteine und Formen im Lauf der Zeit degradierende Veränderungen erfahren haben, abhängig davon, wie intensiv sie der „zerstörenden Wirkung des Wassers" ausgesetzt waren. Zugleich besorgt das abfließende Wasser auch eine Umlagerung der durch die Zersetzung beweglich gewordenen Teile. Kein Zweifel – diesen Prozessen mussten ältere Krater wie auch schon Lavaströme zum Opfer gefallen sein.

Diese Beobachtungen dienten Desmarest als Grundlage für eine Gliederung der Basalte in unterschiedliche Bildungsalter:

Die jungen Lavaströme der *Ersten Epoche* sind durch ihren erhaltenen Zusammenhang bis hinauf zu ihrem Herkunftsort, dem Krater, zu erkennen. Die Lavaströme sind im Zentrum kompakt, an der Oberfläche hingegen blasig-schlackig.

Den älteren Laven der *Zweiten Epoche* fehlt hingegen die ursprüngliche, schlackige Oberfläche, sie sind auf ihren kompakten Kern reduziert. Ein aber noch wichtigeres Kennzeichen ist der fehlende Zusammenhang: Man findet

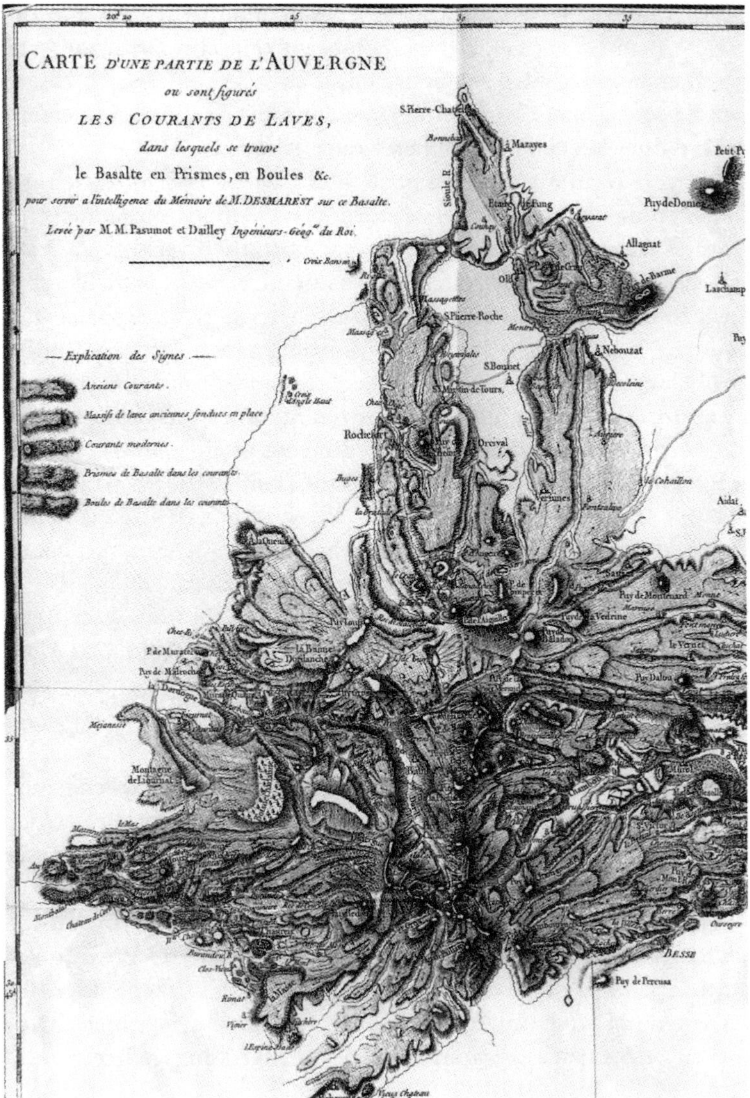

Abb. 8: Dem Franzosen Nicolas Desmarest gelang es in der Auvergne, unterschiedliche Erhaltungszustände von Lavaströmen zu unterscheiden. Diese Beobachtungen hat er auch in der ersten vulkanologischen Karte festgehalten (hier Auschnitt). Anhand der verschieden alten vulkanischen Zeugnisse war es ihm möglich, mehrere erdgeschichtliche Epochen zu unterscheiden. N. Desmarest 1774

diese Laven in hohen Geländelagen und durch mitunter schon weite Täler in isolierte Abschnitte zerteilt. Zugleich ist ihr vulkanischer Ursprungsort nicht mehr erhalten. Dieser Ursprungsort muss, daran kann es nach Desmarest keinen Zweifel geben, genauso wie jener der modernen Laven in einem von Schlacken umgebenen vulkanischen Krater gelegen haben.

Desmarest konnte sogar eine noch ältere, *Dritte Epoche*, fassen. In den Sedimenten des Limagnekraters finden sich ebenfalls Basaltvorkommen: Diese sind entweder eingelagert oder gar mit ihnen vermischt. Während solche kompakten Vulkangesteine – aus heutiger Sicht – nicht zeitgleich mit den Sedimenten entstanden sein müssen, sondern auch später in Form von Gängen oder kleinen Stöcken eingedrungene sein können, finden sich tatsächlich auch solche „Vermischungen". Besonders auffällig sind basaltische Lapilli, die offenbar infolge explosiven Auswurfs aus der Luft von oben in die noch weichen, schlammigen Sedimente gefallen sind.[86] Solche Mischungen zwischen Sediment und vulkanischen Partikeln wurden später von Scrope (1827) „Peperite" genannt – die Auvergne ist also die Region, in der diese Erscheinung erstmals beschrieben wurde – Desmarest hat es nur versäumt, dem Gestein einen besonderen Namen zu geben.

Am Ende ist es Desmarest gelungen, eine bis dahin in dieser Art noch nicht versuchte Gliederung der Erdgeschichte zu entwickeln. Das war nicht einfach nur das Zurückzählen einer Abfolge über einander gelagerter Gesteinsschichten, sondern eine Herausforderung, die etwas mehr an Raffinesse bedurfte.

Was Desmarest allerdings nicht versucht hat, war eine Abschätzung des Alters oder des Zeitumfangs seiner Epochen. Aber er sieht die geologische Zeit nicht nur als eine abstrakte Dimension, sondern als Wirkungsraum: Die Natur ist stets aktiv. Auch wenn in der Auvergne gerade keine neuen Gesteine entstehen – sei es nun durch Vulkane oder Ablagerungen von Sedimenten aus dem Wasser – so sind zumindest die Kräfte, die ihre Verwitterung und Umlagerung verursachen, unablässig am Wirken. Erdgeschichte und Gegenwart sind, ungeachtet seiner Gliederung in unterschiedliche „Epochen", ein einziges zusammenhängendes Wirkungsgefüge.

Eine Hymne auf die tiefe Zeit – George Poulett Scrope

Scrope war einer jener englischen *Gentlemen,* deren Vermögen es zuließ, einen großen Teil ihrer Zeit dem Reisen und der Wissenschaft zu widmen.

In konsequenter Weise verband er das Studium aktiver Vulkane – insbesondere des Vesuvs aber auch der Liparischen Inseln und des Ätnas – mit dem des Formenschatzes auch gegenwärtig nicht aktiver Vulkanlandschaften.

Der Besuch der Auvergne im Jahr 1821 stand also nicht am Anfang seiner geologischen Beobachtungen. Vor allem hinsichtlich der Art und Weise, wie man am vernünftigsten zu brauchbaren geologischen Erkenntnissen kommt, hatte er bereits feste Vorstellungen. Im Vorwort zu seinem *Memoir* über die Vulkane der Auvergne macht er dies auch ohne Umschweife schon im ersten Satz deutlich:

> Die abstrusen Spekulationen der Kabinettgeologen seien gegen Ende des vorangegangenen Jahrhunderts überwunden worden, weil Wissenschaftler – men of science[87] – begannen, den einzig zuverlässigen Weg zur Geschichte unserer Planeten einzuschlagen, indem sie seine Oberfläche studierten und diese mit den Ergebnissen jener Veränderungen und Prozesse verglichen, die die stets aktive Hand der Natur nach wie vor weiterführt.[88]

Diese *men of Science* werden an dieser Stelle nicht namentlich genannt. Aber es kann kaum ein Zweifel daran bestehen, wo die Quellen von Scrope zu suchen sind: James Hutton und sein Freund, Biograf und auch geologischer Nachfolger John Playfair haben diese Philosophie so ausdrücklich vertreten, dass sie ihre Wirkung auf Scrope offensichtlich nicht verfehlen konnten.

Von James Hutton übernimmt er auch den wissenschaftlichen Gegner, nämlich Abraham Gottlob Werner. Dieser habe – wegen seines großen Einflusses unglücklicherweise – niemals die Gelegenheit gefunden, aktive Vulkane zu beobachten. Die Meinung Werners, es handle sich dabei lediglich um die Folgen oberflächennah in Brand geratener Kohleschichten, hätten den Eindruck erweckt, Vulkane hätten für die Erdgeschichte überhaupt keine ernsthafte Bedeutung.

Diese Kritik Scropes trifft tatsächlich das eigentliche Problem, das mit den Vorstellungen des Freibergers verbunden war: Von einer Sicht auf Vulkane als lediglich lokale, oberflächennahe Erscheinungen, die nur aufgrund zufälliger Umstände – dem Brand von Kohlelagern – entstehen, konnten nur schwer Impulse für eine ernsthafte Erforschung des Vulkanismus wie der globalen Dynamik ausgehen.[89]

Es sind also nicht nur die konkreten Ansichten Werners zu den Vulkanen, gegen die Scrope sich wendet, sondern auch die Haltung, in deren Folge der Ereignisraum der Erdgeschichte von der der Gegenwart getrennt wird. Diese Perspektive ist in den Augen Scropes anthropozentrisch und unangemessen, denn sie verleugnet, dass die Natur im Grunde ihres Wesen immer gleich bleibt.

Abraham Gottlob Werner bleibt nicht der einzige, gegen den Scrope sich in seiner Schrift über die Vulkane der Auvergne wendet. Ein weiteres Ziel sind die an späterer Stelle im Text angegriffenen „Überschwemmungs-Theoretiker".[90] Auch diese würden eine gegenwärtige Ordnung der Dinge von einer früheren trennen, was in der besonderen Deutung der Entstehung der Täler zum Ausdruck käme. Diese wären nämlich nach Ansicht der Überschwemmungs-Theoretiker nicht durch die *gegenwärtig wirkenden Ursachen*, hier konkret der Erosionsarbeit der Flüsse, geschaffen, sondern umkehrt: Die Flüsse benutzten die Täler, die bei einer großen, gewaltsamen Überschwemmung der Erdoberfläche, gleichsam in einem kurzen, heftigen Akt, angelegt worden sein sollen.

In der Tat war es für viele nur schwer vorstellbar, dass es das fließende Wasser selbst schaffen sollte, tiefe und nicht selten auch breite Täler herauszuarbeiten. Insbesondere in England, wo mit William Buckland der einflussreichste „Überschwemmungs-Theoretiker" seine Lehre verbreitete, war dies angesichts der dort vorliegenden Verhältnisse mitunter besonders schwer zu glauben. Denn tatsächlich war die Entstehung der Täler durch die Erosionsarbeit der Flüsse in weiten Bereichen des Landes nur die halbe Wahrheit. Viele Täler waren nämlich in den letzten Kaltzeiten durch Gletscher überformt oder durch vom Eis ausgehende Schmelzwasserflüsse entstanden. Trockene Täler oder tiefe U-Täler sind daher in den ehemals vereisten Bereichen der Britischen Inseln eine gar nicht so seltene Erscheinung.

Die Idee einer großen Überschwemmung wurde zusätzlich dadurch genährt, dass das Gletschereis oft weit verschleppte, zum Teil auch sehr große Gesteinsblöcke über die Landschaft verstreut zurückgelassen hatte. Die Frage nach Herkunft und Transport dieser erratischen Blöcke war für Geologen, die auf Erklärung mit *gegenwärtig wirkenden Ursachen pochten*, eine große Herausforderung. Erst in der Mitte des 19. Jahrhunderts konnte ihre Verbreitung durch das Eis erklärt werden. Die Entdeckung der Eiszeit hat dann auch die Entstehung jener Täler verständlich machen können, in denen heute nur kleine Rinnsale verlaufen.

Bevor man die Hinweise auf eine vereiste Vergangenheit der Erde zutreffend zu deuten vermochte, erschien die Hypothese einer großen, weit über die Landschaft schwappenden Flut zwar spekulativ, aber angesichts der Ermangelung überzeugender anderer Szenarien keineswegs so abwegig, wie es heute erscheinen mag. William Buckands *Reliquiae Diluvianae* (*Zeugnisse der Sint-*

flut, 1823) ist das Werk, das die Idee einer erdgeschichtlich jungen, katastrophalen Überschwemmung wahrscheinlich am wirkungsvollsten verbreitet hat. Mit dieser Hypothese war es auch immer noch möglich, die biblische Sintflut als ein möglicherweise doch reales erdgeschichtliches Ereignisse mit ins Boot der modernen Erdgeschichtsforschung zu nehmen. Wie auch immer, wenige Jahre vor Scropes *Memoir* (1827) war die „Überschwemmungs-Theorie" mit den *Zeugnissen der Sintflut* an ihrem Höhepunkt. Vermutlich hat zu dieser Zeit die Mehrheit der Geologen dieser Erklärung vertraut, während Scrope eher aus der defensiven Position eines Abweichlers heraus schrieb.

Was hat die Kontroverse um die Entstehung der Täler mit den Vulkanen der Auvergne zu tun?

Die Verbindung zwischen beiden Themen ist dadurch gegeben, dass Lavaströme – wie Wasser, nur nicht so dünnflüssig – den Talwegen folgen.[91] Der vorangehende Abschnitt über die von Nicolas Desmarest bestimmten „Epochen" hat gezeigt, wie die Lavaströme als „Stellvertreter-Daten" für die Lage ehemaliger Talböden herangenommen werden konnten. Scrope führt diesen Ansatz weiter, indem er das von Desmarest geschaffene Bild von den „Epochen" hin zu einer kontinuierlich wirkenden Talbildung verschiebt.

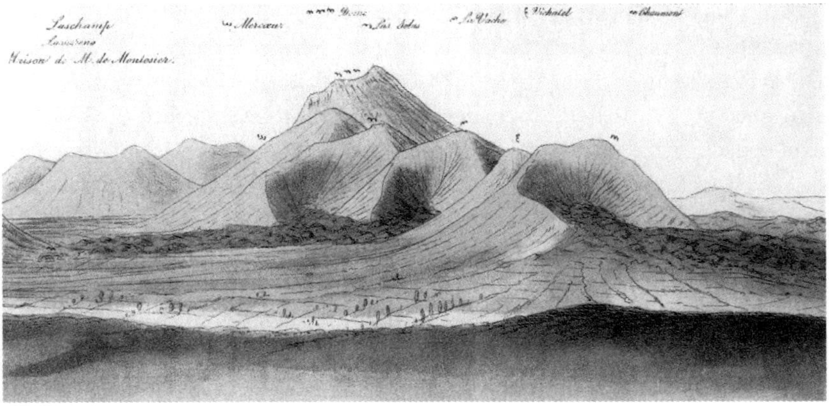

Abb. 9: Niemals wurden erloschene Vulkane und die von ihnen ausgehenden Lavaströme lebendiger und gegenwärtiger dargestellt als von George Scrope. Diese Darstellungsweise war sicher von dem Motiv bestimmt, diese erdgeschichtlichen Zeugnisse als Formen zeigen, die trotz ihrer Entstehung in der Vorzeit der menschlichen Erinnerung – gemessen an der Dimension der Erdgeschichte insgesamt – noch immer als geologische Gegenwart angesehen werden können. G. Scrope 1827

Nicht dass es Desmarest entgangen wäre, dass es zwischen den hochgelegenen alten und den jungen aktuellen Tallage auch dazwischen gelegene Niveaus gab. Aber seine Argumentation hatte eher auf die Gliederung der Erdgeschichte gesetzt als die von ihm durchaus gesehene Kontinuität der Prozesse zu betonen. Scrope nutzt hingegen die Gunst der Landschaft, um das Kontinuum zu thematisieren. Die einzelnen Niveaus der Laven dienen ihm als *verbindende Glieder (connecting links)* in der Kette der ständig wirkenden Ereignisse.

Connecting links sind erst im Zusammenhang mit Darwins Evolutionstheorie weithin bekannt geworden. Ihre Verwendung bei Scrope beruht tatsächlich auf einer völlig analogen Problematik: Das Kontinuum der Wirkungen hat kein Kontinuum an Erscheinungen hinterlassen: Es gibt Überlieferungslücken. Aber eine – möglichst dichte – Kette von Zwischengliedern kann davon zeugen, dass die Kette selbst auch tatsächlich existiert hat und nicht nur ein spekulatives Konstrukt ist. Die Überzeugungskraft einer solchen Kette hängt natürlich von der Dichte dieser Glieder ab. Scrope hat hier eine äußert überzeugende Grafik geschaffen, die die Situation in Form eines geologischen Profils zusammenfasst. Mit dieser lehrbuchreifen Demonstration hat Scrope einen bedeutenden Schritt getan, die katastrophistische Hypothese zur Entstehung der Täler zu schwächen.

Ein anderer Aspekt, der von Scrope am Ende seiner Arbeit in nahezu theatralischer Weise inszeniert wird, betrifft die Dimension der Erdgeschichte. Desmarest hatte zwar mehrere erdgeschichtliche Epochen unterschieden, sich aber hinsichtlich einer genaueren Vorstellung ihrer zeitlichen Dimension bedeckt gehalten. Scrope kann natürlich auch keine präzisen Daten nennen. Es war ihm aber klar, dass viele der vulkanischen Formen in der Auvergne trotz ihrer frischen, jugendlichen Erscheinungsform – im Vergleich mit dem menschlichen Beobachtungszeitraum – sehr alt sein müssen.

Der völlige Mangel an Berichten über irgendwelche Ausbrüche verweist in eine Zeit vor der menschlichen Erinnerung. Gleichwohl sehen die jüngsten Vulkanformen wie frisch entstanden aus: „Geologisch jung" bedeutet aber somit schon ein Alter jenseits der Dimension der menschlichen Beobachtung. Doch auch die Tiefenerosion der Flüsse muss in einer Geschwindigkeit verlaufen sein, die sich unserer direkten Beobachtung entzieht. Anhand der durch Lavaströme nachweisbaren älteren, nun hochgelegenen Tallagen, muss die Zeit dieser hohen Täler nochmals viel weiter zurückliegen. Aber diese hohen Tallagen sind immer noch jünger als der Einbruch des Limagne-Grabens, dessen tertiärzeitliche Sedimentfüllung ein ebenfalls noch junges geologisches Alter aufweist.

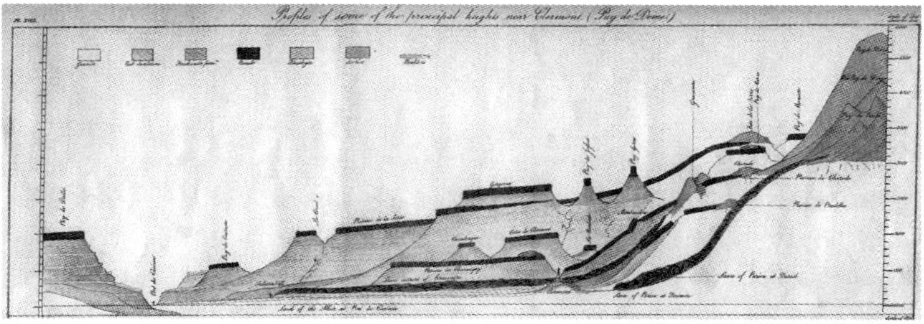

Abb. 10. Der Querschnitt durch den Limagne-Graben zeigt, wie die einzelnen Lavaströmen von dem rechts (Westen) gelegenen Grabenrand nach links (Osten) heruntergelaufen sind. Jeder Lavastrom markiert den Talboden zur Zeit des Ausbruchs, die ältesten Laven sind heute als Höhenrücken erhalten, die jüngsten verlaufen am Grunde der heute noch von Bächen benutzten Täler. Die verschiedenen Lava-Niveaus können als einzelne Glieder aus der sich kontinuierlich nach unten verlagernden Taleintiefung verstanden werden. Je enger die einzelnen verbindenden Glieder (connecting links) in ihrem Höhenniveaus zueinander stehen, umso plausibler ist, dass sie nicht Ausdruck eines ruckartigen, sondern kontinuierlichen Prozesses sind. In analoger Weise hat später Darwin für die Kontinuität der Evolution argumentiert. G. Scrope 1827

So kann der Faden der Geschehnisse in eine weit entfernte Vergangenheit zurückverfolgt werden, aber dennoch ist diese Vergangenheit noch immer einer der jüngsten Abschnitte der Erdgeschichte. Die geologischen Prozesse verlaufen offenbar in einem Takt, der sich unseren menschlichen Maßstäben völlig entzieht. Aber, so Scrope, die Erdgeschichte ist von einer Dimension, die uns die Möglichkeit gibt, für ihre Wirkung unbegrenzt Zeit einräumen zu können.[92] Dieser entfesselte Zugriff auf die Zeit wird von einer Art Hymne, oder zumindest einer sehr poetischen Würdigung, gekrönt:[93]

> Die Perioden, die für unsere enge Fassungskraft, und im Vergleich mit unserer kurzlebigen Existenz, von unabschätzbarer Dauer scheinen, sind aller Wahrscheinlichkeit nach nur Kleinigkeiten in der Zeitrechnung der Natur. Es ist die Geologie, die uns mehr als alle anderen Wissenschaften, mit dieser bedeutenden, wenngleich demütigenden Tatsache bekannt macht. Jeder Schritt, den wir bei dieser Beschäftigung unternehmen, zwingt uns dazu, nahezu unbegrenzt aus ihrem Alter zu schöpfen. Der leitende Gedanke, der bei allen unseren Erkundungen gegenwärtig ist, und der jede neue Beobachtung begleitet, der Laut,

der dem Ohr des Studenten der Natur von jedem Teil ihrer Werke Laut der widerhallt, ist
Zeit! – Zeit! – Zeit!

Hinter dem letzten „Zeit"-Ausruf folgt ein Anmerkungszeichen. In der entsprechenden Fußnote legt Scrope weiter nach. Gerade jene, die die Ewigkeit des Schöpfers so leicht über die Lippen bringen, haben scheinbar Probleme, die angesichts seiner Ewigkeit nur „wenigen" Millionen und vielleicht auch Milliarden von Jahren Erdgeschichte zu akzeptieren. Scrope spielt hier den Glauben an einen ewigen Schöpfer gegen den an die Bibel aus:

> Es ist sehr bemerkenswert, dass wir doch beträchtliche Schwierigkeiten haben, über einen bestimmten Begriff nachzudenken, der im Verhältnis zu den kurzen Perioden unserer unbedeutenden Chroniken einen sehr langen Abschnitt an Zeit trägt, während wir ohne Zögern fortwährend Wörter wie „ewig", „Ewigkeit" und „immerwährend" in unseren Mund nehmen. Es gibt viele, die nicht einen Moment daran zweifeln würden, dass der Gott der Natur „von Ewigkeit her" existiert hat, und doch die Idee als absurd zurückwiesen, in der Geschichte „Seiner Schöpfung" eine Million Jahre nach hinten zu gehen. Doch was sind eine Million, oder eine Million mal eine Million von Sonnenumläufen angesichts einer Ewigkeit?[94]

Tiefe Zeit und die Kreisläufe des Himmels

Ein Blick in den nächtlichen Himmel ist sicher besonders gut geeignet, um die Erde, und mit ihr den Menschen, aus dem Mittelpunkt zu rücken. Angesichts von Millionen von Sternen wird schnell deutlich, wie klein und unbedeutend die Erde innerhalb des uns grenzenlos erscheinenden Universums sein muss. Wesentlich abstrakter ist es dagegen, die Dimension der menschlichen, historischen Zeit oder gar unseres Wahrnehmungsausschnittes gegenüber dem Umfang der Erdgeschichte in ein angemessenes Verhältnis zu setzen.

Wenn Scrope den Blick seiner Leser in der oben geschilderten Weise in den Himmel lenkt, ist das nicht nur Polemik, sondern auch ein Versuch, diese Anschauung von Größe und scheinbar ewigen Kreisläufen für seine Sache zu nutzen. So wie der Weltraum endlos erscheint, ist es in den Augen Scropes auch die Erdgeschichte.

Auch James Hutton mag im Himmel eine Vorlage für sein Konzept der so langsamen, nahezu unmerklichen geologischen Prozesse gesehen haben. Sein Biograph und auch wissenschaftlicher Nachfolger Playfair stellt diese Analogie zwischen der *Theory of the Earth* und den Himmelsbewegungen ausdrücklich heraus:

> Das geologische System von Dr. Hutton erinnert in vieler Hinsicht an das, was die Himmelsbewegungen leitet. In beiden erkennen wir beständigen Wandel und Veränderung, aber in bestimmten Grenzen, und niemals weit vom durchschnittlichen Zustand abweichend, der von der Art ist, dass im Lauf der Zeit die Abweichungen in die eine Richtung denen in die andere gleichen. Mit so viel Weisheit konstruiert, ist beiden die Vorkehrung für unbegrenzte Dauer gegeben, und der Lauf der Zeit hat keine Wirkung, diese Maschinerie zu erschöpfen oder zu zerstören. Wo die Bewegungen durchweg so perfekt sind, muss ihr Anfang und Ende auch in gleicher Weise unsichtbar sein.[95]

Der Blick in die Tiefe der Zeit war bei James Hutton und seinen Nachfolgern, bis George Scrope, Charles Lyell und Charles Darwin, auch mit einem Blick in den Himmel verbunden. Die Gleichförmigkeit der Himmelsbewegungen konnte als Muster für den Gang der „Maschine Erde" gesehen werden, der fehlenden Ausblick auf einen Anfang und ein Ende als Vorlage für die Dimension der Erdgeschichte.

Lyell – von der Auvergne zum Ätna

Charles Lyell, der einflussreichste Verkünder der gleichsam unerschöpflichen erdgeschichtlichen Zeit, und George Scrope wurden im gleichen Jahr geboren – beide wurden auch gute Freunde. Der Rückgriff auf die langen Zeiträume, die methodologische Betonung der *causes now in operation* für die Interpretation der Erdgeschichte, dies war sicher eines der Fundamente ihrer Beziehung.[96]

Ein Jahr nach dem Erscheinen von Scropes *Memoir* (1827), bricht Lyell zu einer großen Reise auf, die ihn am Ende bis hinunter nach Sizilien führen sollte. Eine seiner ersten Stationen war die Auvergne, und das *Memoir* war eine vorzügliche Anleitung zum Besuch der Punkte, die auch Lyell interessierten. Die Reise durch die Auvergne ergab für Lyell durchweg eine Bestätigung der von Scrope vorgelegten Beobachtungen und Interpretationen, und damit zugleich auch seiner eigenen Grundsätze.

Insbesondere Scropes Argumente für eine langsame, kontinuierliche Erosion der Täler hatten es Lyell angetan. Er entschloss sich, diese Sichtweise weiter zu stärken. Mit seinem Mitreisenden Roderick Murchinson verfasste er gleichsam *on the road* einen Artikel zur Entstehung der Täler.[97] Die beiden Briten hatten sich für diese Frage besonders aussagekräftige Geländesituationen herausgesucht und dazu auch entsprechende Grafiken beigefügt.

Gestärkt in den eigenen Vorstellungen über die Bedeutung der *gegenwärtig wirkenden Ursachen* wie der Tiefe der geologischen Zeit, reiste Lyell nach Italien weiter. Auf dem Weg in den Süden trennten sich die beiden Geologen, so dass Lyell seinen vermutlich nachhaltigsten Eindruck zur Dimension der geologischen Zeit ohne seinen Begleiter erlebte, was später etwas abweichende Sichtweisen zur Folge hatte.[98]

Die Reise nach Sizilien hatte nicht den besonderen Zweck, weitere Zeugnisse zur Dimension der Erdgeschichte zu sammeln. Das wesentliche Motiv war, die tertiärzeitlichen Sedimentfolgen anhand der in ihnen enthaltenen Fossilien zu gliedern und nachzuweisen, dass die Entwicklung dieser Formen ohne irgendeinen scharfen Schnitt, also kontinuierlich erfolgte. Die Beschäftigung mit den Sedimentgesteinen und ihren Fossilien führte Lyell aber auch zum Ätna, der dieser ganzen tertiärzeitlichen Abfolge wie eine Krone aufsitzt.

Die geologische Situation um den Ätna motivierte Lyell aber dazu, die zeitliche Dimension der Erdgeschichte nochmals zu überdenken. Die Position des Ätnas auf der jüngsten Formation des Tertiärs ist ein eindeutiger Beleg für seine nachfolgende Entstehung und damit seine geologische „Jugend“. Umgekehrt muss der Vulkan aber – aus der Sicht der menschlichen Wahrnehmung – unglaublich alt sein, denn niemand kann sich erinnern, dass sich der Berg im Laufe der Geschichte in bedeutender Weise verändert hätte.

Dieser Fragestellung hat Lyell einen gesonderter Abschnitt in seinen *Prinzipien der Geologie* eingeräumt: „Das Alter des Ätna-Kegels“.[99] Ein Vulkan, so Lyell, ähnelt in gewisser Weise einem Baum, dessen Wachstum dem Stamm Jahr für Jahr einen neuen Ring anfügt. Wenn die Basis des Ätnas 90 Meilen Umfang hat, bräuchte es z. B. 90 Lavaströme mit einer Breite von einer Meile, um diese Basis, entsprechend der Mächtigkeit dieser Laven, aufzubauen.

Wenn die Geschichte eine verlässliche Aufzeichnung der Eruptionen des Ätnas und anderer aktiver Vulkane auf der Erde für die letzten 3000 Jahre hinterlassen hätte, könnte man daraus vielleicht die Produktionsrate neuer Lava und Auswurfmassen, also die Wachstumsrate des Vulkans, kalkulieren. Damit wäre es möglich, die Zeit zu ermitteln, die für den Aufbau dieses gewaltigen Berges nötig war. Aber alle diese Überlegungen verlaufen gleichsam im Sand, denn es gibt keinen Hinweis darauf, dass sich die Höhe des Ätnas in den letzten 2000 Jahren in bedeutender Weise verändert hätte.

Von den achtzig auffälligsten Schlackenkegel, die als Ausbruchstellen die tieferen Flanken säumen, ist allein die Entstehung der Monti Rossi in historischer Zeit erfolgt (im Jahr 1669). Wieviel Zeit müssen wir demnach schon alleine für die Entstehung dieser achtzig Kegel annehmen? Lyell setzt für diese achtzig Kegel ein hypothetisches, aber wie er meint, realistisches Minimum: 12000 Jahre. Doch wie unbedeutend sind diese Kegel und die von ihnen hervorgehenden Laven angesichts des Umfangs des gesamten Vulkans! Wenn man alles das, was in diesen letzten 12000 Jahren entstanden sein kann, vom jetzigen Vulkan wegnähme, dann wäre seine Gestalt noch immer kaum verändert. Um eine Masse mit der Höhe von 8000–9000 Fuß (etwa 3000 m) zu schaffen, muss es demnach immenser Zeiten vor unserer historischen Periode bedurft haben. Und dennoch sitzt der Ätna in Gänze der jüngsten, hinsichtlich der Fauna von der Gegenwart nur noch wenig unterschiedenen Epoche des Neueren Pliozäns auf!

Wieder ist es die gute Erhaltung der vielen Schlackenkegel auch im Fußbereich des Ätnas, die gegen die Hypothese sprechen, dass vielleicht eine rasche Heraushebung des Landes aus dem Meer zu zerstörenden – und die Täler schaffenden – Flutwellen geführt habe.[100] Umgekehrt mögen manche meinen, diese Kegel könnten kein besonders hohes Alter habe, da Regen und Wetter diese Formen in einigen tausenden Jahren zerstört haben müsste. Aber wie bereits festgestellt: Seit man sich erinnern kann, hat sich die Form dieser Kegel nicht erkennbar verändert.

Lyell sieht am Ende des Abschnitts über das Alter des Ätnas davon ab, an dieser Stelle noch weiter zu gehen. Er belässt es dabei, den Vulkan als ein besonders überzeugendes Monument für die Langsamkeit der geologischen Prozesse wie zugleich auch für die Tiefe der erdgeschichtlichen Zeit präsentiert zu haben: Wie unermesslich alt muss diese erdgeschichtlich so junge Form sein!

Die Vorstellungen zum Zeitmaßstab der Erdgeschichte sind hier aber vermutlich noch nicht an ihre weiteste Grenze gekommen.

Darwin: Evolution braucht Zeit

Darwin braucht Lyell und Lücken

> Ein Mensch muss für Jahre selbst mächtige, übereinandergelagerte Abfolgen von Schichten durchmustert und das Meer bei der Arbeit gesehen haben, wie es alte Gesteine zermahlt und neue Sedimente erzeugt – bevor er wirklich hoffen kann, irgendetwas von der Zeitspanne zu verstehen, deren Denkmäler wir um uns herum sehen.[101]

Dieser Satz aus Darwins „*Vom Ursprung der Arten*" (1859) soll den Leser aus der Sphäre der Alltagswahrnehmung herausführen und ihn in die völlig andere Zeitlichkeit der Erdgeschichte versetzen. Angaben zur Mächtigkeit der Schichtgesteine, wie sie in England inzwischen relativ zuverlässig zusammengezählt werden konnten, sollten diese Zeitenwechsel mit harten Zahlen untermauern:[102]

paläozoische Schichten	57.154 ft
mesozoische [secondary] Schichten	13,190
tertiäre Schichten	2,240
	= 72.584 ft [22,123 km]

Das Prinzip der Natürlichen Selektion, die funktionale Grundlage der Evolution, kann überhaupt nur dann als plausible Hypothese angesehen werden, wenn man ihr genügend Zeit einräumt. In den Augen Darwins ist der Mechanismus der Evolution in seiner zeitlichen Struktur nicht anders zu sehen als die vielen langsamen anorganischen Prozesse der Erdgeschichtliche: Eben so langsam, dass wir sie um uns herum nicht unmittelbar am Wirken sehen. Aber im Laufe der erdgeschichtlichen Zeiträume sollte die Evolution, durch die Aufsummierung dieser für uns direkt unmerklichen Prozesse, alle Lebensformen zustande bringen können.

Das Werk, dem Darwin diesen zeitlichen Spielraum entnahm, waren die *Prinzipien der Geologie* von Charles Lyell. Darwin macht unmissverständlich klar, dass es für das Verständnis seiner Evolutionstheorie eine unbedingte Voraussetzung gibt: die Vorstellung, oder zumindest Ahnung, von der Tiefe der erdgeschichtlichen Zeit.

> Es ist mir kaum möglich, den Leser – sofern er kein erfahrener Geologe ist –, überhaupt nur an die Tatsachen zu erinnern, die den Verstand dazu bringen, wenigstens andeutungsweise den Ablauf der Zeit zu verstehen. Wer Sir Charles Lyells großes Werk über die „Prinzipien der Geologie" in die Hand nimmt – von dem zukünftige Historiker urteilen werden, dass es eine Revolution in den Naturwissenschaft hervorgebracht hat –, aber dennoch nicht anerkennt wie unverständlich unermesslich die vergangenen Zeiträume sind, kann diesen Band gleich wieder zuschlagen.[103]

Doch Zeit war nicht das einzige, was Darwin in nahezu beliebig verfügbarer Menge benötigte. Die zweite wichtige Voraussetzung war ein Konsens darüber, dass das Buch der Natur erhebliche Lücken aufwies: Aus der langen Zeit der Erdgeschichte, wie zugleich der Entwicklung des Lebens, fehlen uns zahlreiche Seiten. Diese Lücken sind nicht nur gelegentliche Erscheinungen, sondern umfangreich und ein grundsätzlicher Wesenszug im Buch der Erdgeschichte.[104] Sie in die Rechnung mit aufzunehmen, bringt wichtige Vorteile: Zum einen kann man in diese Lücken noch mal beliebig viel Zeit hineinprojizieren, zum anderen kann man damit die Sprünge im Erscheinungsbild der Spezies, also den Mangel an Übergangsformen – der *connecting links* – verständlich machen.

Darwins Zeit-Kalkulation zur Abtragung der Schreibkreide

Um die Langsamkeit erdgeschichtlicher Prozesse – und damit auch die ausreichend zur Verfügung stehende geologische Zeit – zu illustrieren, hat Darwin versucht, sie mit einer Kalkulation zu unterlegen. Offenbar wollte er seine Leser anhand konkreter Zahlen aus den sonst schwer zu kontrollierenden Unschärfen ihrer Vorstellungskraft holen. Nur dann würden sie vielleicht wirklich begreifen, wie langsam die geologischen Prozesse verlaufen und wie viel Zeit dafür nötig ist.

Darwin entwickelte tatsächlich ein Gedankenexperiment, oder wie man heute sagen würde: ein Modell, in dem er einen Abschnitt der Erdgeschichte durchrechnete. Die Vorlage dazu kann man wiederum in den *Prinzipien* von Charles Lyell finden,[105] doch bei diesem sucht man vergeblich konkrete Zahlen. Überhaupt waren Geologen in der ersten Hälfte des 19. Jahrhunderts äußerst vorsichtig, präzise Daten zur Dauer der Erdgeschichte oder ihrer einzelne Abschnitte auszusprechen. Die Gefahr, sich ohne zuverlässige Grundlage wie auch ohne jegliche Notwendigkeit auf das Glatteis der Spekulation zu begeben, schien vielen als zu hoch oder zumindest unseriös. Die Zeiten, in denen „Philosophen" Spekulationen über das Alter der Erde anstellten, hat man als überwunden angesehen.

Die letzte, einigermaßen ernst zu nehmende Kalkulation des Erdalters hatte Buffon im Jahr 1775 veröffentlicht. Sein Modell war auf Abkühlungsexperimente in seiner Eisengießerei und kompetenter Mathematik gegründet.[106] Doch die 74047 Jahre, die die Abkühlung einer ursprünglich als schmelzflüssig angenommenen Erde bis zur heutigen Oberflächentemperatur demnach benötigen soll, wurden inzwischen als um Dimensionen zu klein angesehen. Es sollte sich nach Darwins Publikation „Vom Ursprung der Arten" allerdings zeigen, dass Berechnungen zum Wärmehaushalt der Erde ein sehr ernst zu nehmende wissenschaftliches Gewicht entwickeln konnten.

Darwins Kalkulation ist nicht ohne weiteres verständlich. Es lohnt sich aber, sie genauer zu betrachten. Sie bietet nicht nur ein Lehrstück über das geologische Zeitmanagement in der Mitte des 19. Jahrhunderts, sondern war zugleich auch Anlass für eine der längsten und tief greifendsten Kontroversen in der Geschichte der Geologie. Diese Kontroverse hat dazu geführt, dass die offene Dimension der Erdgeschichte für immer geschlossen wurde: In der Folge musste jeder Geologe akzeptieren, dass das Alter der Erde endlich und im Prinzip auch kalkulierbar ist.

Um Darwins Ansatz zu verstehen, muss man in Lyells *Principles* nachschlagen. Dort wird die Freilegung („Denudation") der als „*Weald*" bezeichneten Landschaft von der sie einst vollständig überlagernden Schreibkreide als ein Modellfall für das erdgeschichtliche Wechselspiel von Ablagerung und Abtragung präsentiert.[107]

Das *Weald* ist eine Tallandschaft in Südengland, die im Norden wie im Süden von den darüber ansteigenden Hügelzügen der Schreibkreide begrenzt wird. Diese Hügelzüge und der zu ihnen hinaufführende Anstieg werden traditionell als *North Downs* bzw. *South Downs* bezeichnet. Aus heutiger Sicht handelt es sich bei Anstiegen zu den *North* und *South Downs* um Schichtstufen, die im Laufe der Erdgeschichte von einer zentralen breiten Schichtaufwölbung – unter festländischen Verhältnissen! – nach beiden Seiten zurückverlegt wurden. Die beiden Stufen liegen nun etwa 20–25 km weit auseinander.

Lyell nahm hingegen – aus heutiger Sicht in unzutreffender Weise – an, dass es sich bei den Schichtstufen am Rande der Downs um ein fossiles Meereskliff handele.[108] Das Meer wäre nach der Ablagerung der Schreibkreide, sowie auch der noch darüber folgenden alt-tertiärzeitlichen Sedimente, in die sich aufwölbende Struktur eingedrungen. Ausgehend von einer schmalen, der heutigen Straße von Dover ähnlichen Meeresstraße, hätte die Brandung die Kliffe zu beiden Seiten bis zu ihrer heutigen Position zurückverlegt. Diese heutige Position soll dann durch eine raschere Hebung des Landes bestimmt worden sein, in dem diese zum Trockenfallen der Meeresstraße und damit dem Ausfall der Brandungserosion geführt hat.

Eine weitere Hürde zum Verständnis von Darwins Kalkulation besteht darin, dass er die Erosionsrate eines Kliffs mit dessen Höhe in Beziehung setzt. Das geschieht an dieser Stelle ohne weitere Begründung und scheint auch nicht der häufig zu machenden Beobachtung zu entsprechen, dass Abschnitte an Steilküsten meist in ihrer ganzen Höhe abbrechen.

Doch Darwin ist sich durchaus im Klaren darüber, dass steilere Kliffe – prinzipiell gesehen – nicht langsamer als weniger hohe zurückversetzt werden können.[109] Es scheint, dass er die Zurückverlegung deshalb in Relation zur Höhe setzt, weil das Meer das Kliff zwar direkt an seinem Fuß angreift, aber möglicherweise zuvor auch Hindernisse abgebaut werden müssen, die die Energie der Wellen schon vor dem Kliff mindern. Erosionswiderständige, harte Lagen der Kliffwand wirken sich demnach nicht unbedingt am Kliff selbst aber vor ihm verzögernd aus. Da aber mit der Höhe eines Kliffs auch der Anteil harter Lagen zunehmen sollte, kann sich seine Zurückverlegung deshalb auch im Vergleich zu weniger hohen Wänden entsprechend verlangsamen. So gesehen, macht es also durchaus Sinn, die Rückwanderung eines Kliffs mit seiner Höhe in Beziehung zu setzen – Darwin scheint hier etwas komplexer gedacht zu haben, als auf den ersten Blick deutlich wird.

Die Kalkulation Darwins ist wie folgend:

1 inch/Jahrhundert für 500 ft hohes Kliff (von Darwin angenommener Ausgangswert)
bzw. 500ft hohes Kliff 1 inch/100 Jahren
1000 ft hohes Kliff 1 inch/200 Jahren
1100 ft hohes Kliff 1 inch/220 Jahren [2,54 cm/220 Jahren]

Der eigentliche Basiswert für Darwins Kalkulation ist also nicht die Zurückverlegung von 1 inch/100 Jahre – sondern die direkt gar nicht genannten 1 inch/ 220 Jahren, eben weil die erodierte Schreibkreide mit einer Mächtigkeit von 1100 ft angesetzt wird.[110] Die 22 Meilen (ca. 30 km), die Darwin als durchschnittlichen Abstand zwischen den heutigen South und North Downs angesetzt hat, entsprechen 1393920 inches. Diese Zahl mit

220 multipliziert (der Zeit für die Zurückverlegung eines 1100 ft hohen Kliffs um 1 inch), kommt man genau zu dem von Darwin genannten Betrag von 306662400 Millionen Jahren, oder, wie er nach der Nennung dieser konkreten Zahl großzügig einräumt: „dreihundert Millionen Jahre".

Dieser Betrag ist selbst für uns heute schockierend groß. Nach heutiger Erfahrung sind für leicht zu erodierende Gesteine wie die Schreibkreide durchschnittliche Rückwanderungsgeschwindigkeiten von Dezimetern/Jahr möglich. Gegenwärtige Beobachtungen der Klifferosion an der Kanalküste zeigen allerdings erhebliche Schwankungen, abhängig von der Küstenposition und lokalen Strömungsverhältnissen: In Ost-Sussex und Kent waren 1870–2001 *jährliche* Erosionsraten zwischen 5–70 cm zu messen,[111] was 50–700 cm/100 Jahren [ca. 20–275 inches/100 Jahre] entspräche, während Darwins 1 inch/220 Jahren nur 0,45 inch/100 Jahren entsprächen.

Die von Darwin genannten „dreihundert Millionen Jahre" werden ausdrücklich als geschätzter *Mindestzeitraum* präsentiert. Er gibt zu bedenken, dass zwischen dem Beginn der Erosion und dem Ergebnis kein Prozesskontinuum geherrscht haben muss: Die Erosion kann phasenweise geruht oder stark reduziert gewesen sein, weil der Meeresspiegel entweder über dem Kliff lag, oder unter das Kliff gefallen sein konnte. Seine Schlussfolgerung lautet letztendlich, dass wahrscheinlich *eine weit längere Zeit als 300 Millionen Jahre* seit dem Ende des Mesozoikums – und damit der Ablagerung der Schreibkreide bzw. der seiner einsetzenden Abtragung – vergangen sein wird.[112] Die folgende Diskussion ist auf die Feinheiten dieser Gedankengänge nicht eingegangen, sondern hat – wie sollte es auch anders sein – die konkret genannten *306662400 Millionen Jahre* zur Zielscheibe genommen.

Darwin hat sich – aus heutiger Sicht – nicht nur leicht, sondern gleich um Größenordnungen verkalkuliert. Dies ist auch insofern bemerkenswert, als es hier offenbar zu einer Umkehrung der Perspektive gekommen ist: Nicht der „kurze" lebenszeitliche Blick hat die erdgeschichtliche Dimension in unzutreffender Weise verkürzt, sondern eine äußerst großzügige erdgeschichtliche Perspektive führt zu eine verlangsamten Einschätzung der „in der Gegenwart wirkenden Ursachen".

Dabei scheint Darwin das von Lyell entworfene Konzept der tiefen Zeit nochmals gestreckt, wenn nicht gar überdehnt zu haben. Sein Vertrauen in dieses Konzept bzw. die unbestimmbare und gleichsam beliebige Länge erdgeschichtlicher Zeit muss übergroß gewesen sein.[113] Denn selbst aus der Perspektive Lyells scheint Darwin hier zu weit gegangen zu sein. Darwin hat dabei offenbar auch ignoriert, dass Lyell die Erosion von Kliffs durchaus als einen der unmittelbaren Beobachtung zugänglichen Prozess erwähnt hat:

> Wir haben vielfach Gelegenheiten, Zeuge der vollständigen Zerstörung der Kreide an unserer Südküste zu sein – zum Beispiel bei Seaford in Sussex, wo Jahr für Jahr große Massen vom Kliff abgelöst werden und sogleich verschwinden, nichts zurücklassend als einen großen Wall aus Feuerstein-Kies.[114]

Wir müssen erkennen, dass Darwins Evolutionstheorie nicht ohne seine extrem großzügige Sicht auf die Zeitdimension der Geologie möglich war. Und wir müssen auch sehen, dass es bis zur Publikation seines Werkes „Vom Ursprung der Arten" auch niemanden gab, der dieser Beliebigkeit definitive Grenzen gesetzt hätte. Doch das sollte sich nun ändern – Darwins Evolutionstheorie war der Startschuss für eine für ihn sehr unerfreuliche Debatte um das Alter der Erde.

Lord Kelvin schrumpft das Alter der Erde

Die Erde – eine Maschine wie jede andere

Das späte 18. und das folgende 19. Jahrhundert waren – technisch gesehen – die große Zeit der Dampfmaschinen. Aus erhitztem Wasser mechanische Leistung zu gewinnen, war das an sich einfache Grundprinzip. Das Ziel der technischen Weiterentwicklung bestand darin, Leistung und Wirkungsgrad zu verbessern. So waren etwa die Verluste an Wärme, die sich nicht in mechanische Leistung umsetzen ließen, bei den ersten Maschinen sehr hoch. Wärme die verloren ging, war verloren gegangene Energie, und so galt es, der unkontrollierten Flucht der Wärme aus der Maschine soweit wie möglich Einhalt zu gebieten.

Die Dampfmaschine wurde zugleich als die Maschine schlechthin angesehen. Als Bild für eine Maschine hat sie im Laufe des 18. Jahrhunderts die Uhr abgelöst, die bis dahin, und vor allem im 17. Jahrhundert, als die mechanische Konstruktion schlechthin galt.[115] Die Welt wurde als Uhrwerk gedacht, und in konsequenter Erweiterung dieser Metapher wurde Gott zum Uhrmacher. Diese Metapher war mit der Erwartung verknüpft, dass die Natur – wie auch eben eine Uhr – nicht ständiger Eingriffe des Uhrmachers bedarf, sondern – einmal zusammengesetzt – möglichst präzise laufen sollte. Die Dampfmaschine richtete nun das Augenmerk auf andere Fragen: Energieeffizienz, Regelung, Optimierung.

Als Leitbild für die Erde als aktiver geologischer Körper findet man die Dampfmaschine schon bei James Hutton. Sehr wahrscheinlich kannte er seinen Landsmann James Watt, der wesentlich zu ihrer Weiterentwicklung beigetragen hatte, persönlich. Doch entscheidend ist, dass Hutton tatsächlich eine tief reichende Analogie zwischen der Funktionsweise einer Dampfmaschine und der Erde sah. In seiner *Theorie der Erde* (1788) trifft man vierzehnmal auf die Maschinen-Metapher:

> Wir haben die Erdkugel als eine Maschine betrachtet, die nach chemischen wie mechanischen Grundsätzen konstruiert ist, und in der alle ihre unterschiedlichen Teile hinsichtlich ihrer Form, Beschaffenheit und Größe an einen bestimmten Zweck ausgerichtet sind; ein Zweck,

> der mit Gewißheit und Erfolg erreicht wird; und ein Zweck, in dem wir Weisheit erkennen können, wenn wir die dazu eingesetzten Mittel bedenken.[116]

Dass es sich bei Huttons Maschine tatsächlich um eine Art Dampfmaschine handelte, wird in einem Absatz über die Vulkane deutlich. So wie Ventilen bei der Regulierung der Dampfmaschine eine wichtige Funktion zukommt, so ähnlich wäre auch die Wirkung der Vulkane für den Druckausgleich der Erde zu sehen:

> Ein Vulkan hat nicht den Zweck, abergläubische Menschen zu ängstigen und sie in Anfälle von Frömmigkeit und Ergebenheit zu treiben, oder treu ergebene Städte mit Zerstörung zu überziehen; ein Vulkan sollte als eine Atemloch des unterirdischen Schmelzofens angesehen werden, das die unnötige Hebung von Land und die verhängnisvollen Wirkungen von Erdbeben verhindert.[117]

Aber wie bei einer Uhr ist auch die Maschine nicht ohne einen Konstrukteur zu denken. Das macht beide Geräte gleichermaßen für deistische Modelle geeignet, in denen die Rolle des Konstrukteurs nun Gott zugewiesen werden kann. Der Gott der Deisten ist eine geschickte Veränderung des Gottesbildes, denn der Schöpfer muss sich nun den Gesetzen der Mechanik und der Natur beugen, in deren Verlauf er nach der Konstruktion der Welt nicht mehr eingreifen soll. Der Deist konnte, musste aber nicht wirklich an eine Schöpfung der Welt durch Gott glauben – niemand konnte ihm nachweisen, ob es nur Lippenbekenntnisse waren, die einen Autor lediglich vor dem auch im 18. Jahrhundert noch gefährlichen Vorwurf des Atheismus schützen sollten.

Das Bild von der Maschine schafft auf der anderen Seite aber eine Barriere, die einer konsequenten Entwicklung naturgeschichtlicher Modelle im Weg stehen kann: Maschinen funktionieren nur, wenn alle ihre Teile perfekt aufeinander abgestimmt sind. Man kann die Maschine nicht verbessern, indem man die Größe oder Form nur eines Teils verändert: Sie wird dann nicht mehr funktionieren. Eine Verbesserung ist nur möglich, wenn der Konstrukteur eine neue Maschine mit neu aufeinander abgestimmten Bauteilen zusammensetzt.

Wenn Georges Cuvier sein „Gesetz von der Korrelation der Organe“ so verstand, dass die Form eines Bauteils zugleich die Form der andere Bauteile bedingt,[118] dann denkt er sich das in Analogie zu einer Maschine, bei der man nicht einfach einen Teil ohne Berücksichtigung des anderen verändern kann: Wie sollte sich eine solche Maschine von selbst entwickeln können? Cuviers Schweigen zur Frage der Entstehung neuer Spezies hatte also gute Gründe. Jahrzehnte später konnte es Darwin daher nicht genügen, einfach nur mehr Zeit zur Verfügung zu stellen, sondern er musste auch diese Analogie aufgeben: Organismen können nicht perfekte organisierte und durchweg gleich effizient gebaute Maschinen sein. Sie müssen eher Entwürfen gleichen, von denen nicht alle den Anforderungen der jeweiligen Umgebungsrealität in gleicher Weise genügen.

Die nachdrücklichste Kritik an der von Darwin so äußerst großzügig in Anspruch genommenen Zeit kam nicht aus dem Bereich der Geologie, sondern aus der Sphäre der Dampfmaschine. Und erstaunlicherweise war das Argument nicht, dass sich ein Organismus, als Maschine gedacht, wohl kaum von selbst durch Veränderung seiner Teile entwickeln kann. In den Mittelpunkt der Debatte rückte vielmehr das Problem, dass eine Maschine, und so auch die Erde, nicht ohne laufende Energieverluste funktionieren können. Wenn die Energie, die die Erde im Anfangszustand als heißer Körper gehabt haben soll, nicht von irgendwoher ständig ersetzt wird, dann wird sie notwendig auskühlen. Ausgehend von einer kalkulierbaren Ausgangstemperatur, muss es also eine bestimmte, begrenzte Zeit gedauert haben, bis ihre Oberfläche auf die heutige Temperatur abgesunken ist.

Die Vorstellung einer im Inneren heißen, womöglich glutflüssigen Erde gründete auf die im 18. Jahrhundert entwickelte Hypothese von der Entstehung des Planetensystems aus einem kondensierten Gasnebel, wie sie von Kant (1755) und später in ausführlicher Form von Pierre Simon Laplace (1798) formuliert wurde. Ein anschaulicher Beleg für eine im Inneren heißen Erde waren Vulkane und flüssige Laven. Dazu kam, dass in Bergwerken zur Tiefe hin eine beträchtliche Zunahme der Temperatur gemessen werden konnte. Alle diese Indizien ließen sich gut mit dem Bild von einer im Inneren heißen Erde vereinbaren.

Die Beschäftigung mit der Ausbreitung von Wärme hatte enormes technisches wie wissenschaftliches Potential. In der Zeit der Dampfmaschinen wurden die physikalischen wie mathematischen Grundlagen zu dem als „Wärmetheorie“ bezeichneten theoretischen Gerüst gelegt.[119] Tatsächlich scheinen Erforscher der Wärmetheorie neben den technisch-physikalischen und mathematischen Aspekten aber auch von Beginn an schon häufig auch geologische und planetologische Fragestellungen bedacht zu haben.

Joseph Fourier, der im Jahr 1822 seine für die weitere Entwicklung bedeutende *Theorie analytique de chaleur* veröffentlichte, hatte schon zuvor

Tafel 17: Unterstützt durch Aufforstungsmaßnahmen, erscheinen die Lavaströme des Puy de la Vache (rechts) und des Puy de Lassolas (links) heute weniger kenntlich als noch zur Zeit Scropes am Beginn des 19. Jahrhunderts (vgl. Abb. 9 auf Seite 65). Dennoch wirken die beiden Schlackenkegel trotz ihres Alters von mehr als 8000 Jahren noch immer sehr frisch. Nur ein direkter Vergleich mit soeben entstanden Formen würde zeigen, dass ihre Kraterränder schon etwas an Schärfe und Hangneigung verloren haben. Fotografiert vom der D2089, P unweit östlich Randanne

Tafel 18: An der oberen Loire kann an mehreren Stellen fossile Lavaströme beobachtet werden. Die Loire hat sich seit der Platznahme der Lava erst wenige Meter tiefer eingeschnitten. Die unter der Lava erhaltenen Schotter sind ein Beweis dafür, dass die Lava auch wirklich in den einst höher gelegenen Talboden des Flusses gelaufen war.
Obere Loire bei Goudet, Auvergne

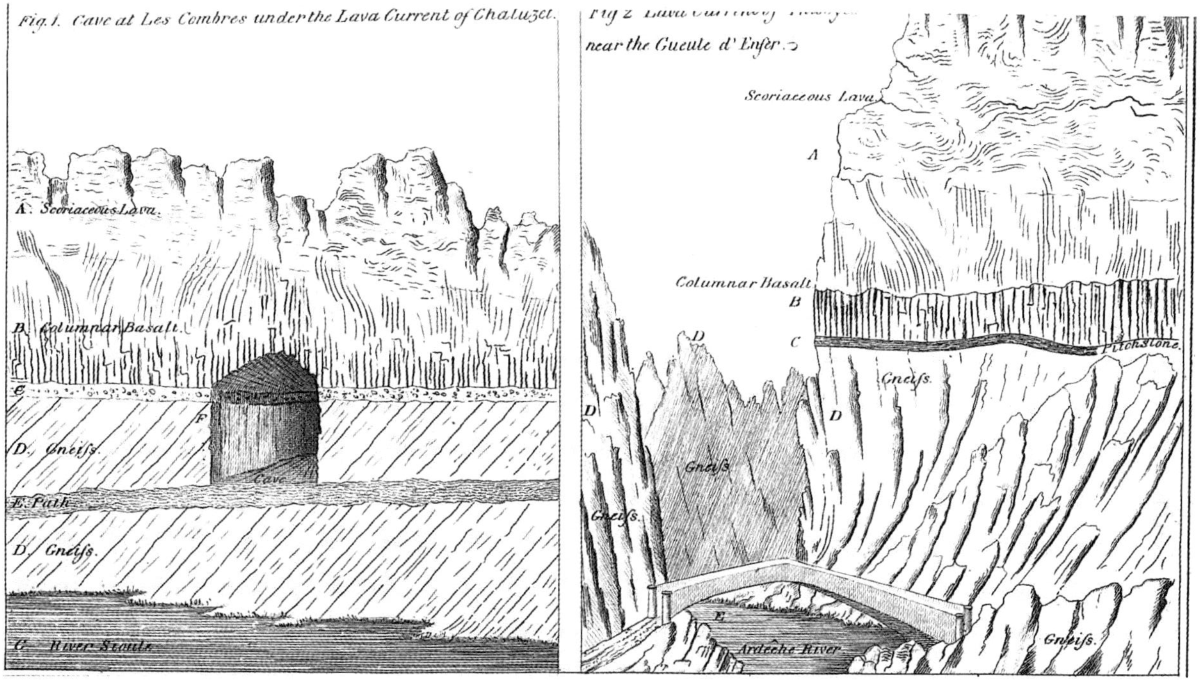

Tafel 19: Die Unterschneidung von Lavaströmen durch die aktuellen Flüsse – links durch die Sioule, rechts durch die Ardeche belegt, dass die Eintiefung der Täler auch nach der Platznahme der Laven weiter gegangen ist. Mit solchen Geländeansichten haben Charles Lyell und Roderick Murchinson gegen die „Überschwemmungs-Theoretiker" argumentiert, die die Täler durch eine einzige katastrophale Überflutung entstanden glaubten. Lyell & Murchinson 1829

Tafel 20: *Steilküsten in wenig verfestigtem Gestein wie der Schreibkreide (Oberkreide) können besonders schnell zurück verlegt werden. Aus über Jahrzehnte gehenden Beobachtungen kann man Mittelwerte von bis 0,7 Meter/Jahr kalkulieren. Um die Dimension der Erdgeschichte deutlich zu machen, stellte Charles Darwin in seiner Erstauflage „Vom Ursprung der Arten" eine Kalkulation vor, für die er eine Rücksetzung von nur 0,01 cm/Jahr zugrunde gelegt hatte. Die Evolution im Sinne Darwins benötigte viel Zeit, und ihr Autor war bemüht, ihr diese auch möglichst umfangreich zu gewähren.*
Kreideküste bei Seaford in Südengland, im Hintergrund die Seven Sisters

Tafel 21: Unter der Schreibkreide Südenglands liegt die als Wealden bezeichnete Abfolge der Unterkreide. An der Küste erscheint diese Formation nicht viel erosionsbeständiger als die Schreibkreide zu sein. Doch Abtragungsprozesse an Küsten und auf dem Festland folgen unterschiedlichen Regeln. Auf dem Festland ist es möglich, dass die Schreibkreide aufgrund ihrer hohen Durchlässigkeit gegenüber Niederschlägen weniger als die Gesteine des Wealden der oberflächlichen Abspülung unterliegt und deshalb sogar Geländestufen bilden kann. Küste südöstlich von Folkstone (England)

Tafel 22: *Schichtstufe der Schreibkreide an den South Downs bei Ditchling Beacon. Der Interpretation Charles Lyells folgend, sah Darwin die Geländestufe am Rande der Downs als ein fossiles, aus dem Meer herausgehobenes Steilufer an. Die davor gelegene Senke, die als „Wealden" bezeichnete Landschaft, wäre so gesehen durch die von der Brandung des Meeres verursachten Zurückversetzung der Schreibkreide freigelegt worden. Das ist der Gedanke, der dem als „Denudation des Wealden" bezeichneten, für die Diskussion um das Alter der Erde so folgenschwere Gedankenexperiment zugrunde lag. Der Blick geht über die Wealden-Senke nach Nordosten, die gegenüber liegenden North Downs sind leider in Wolken.*

No. 63.

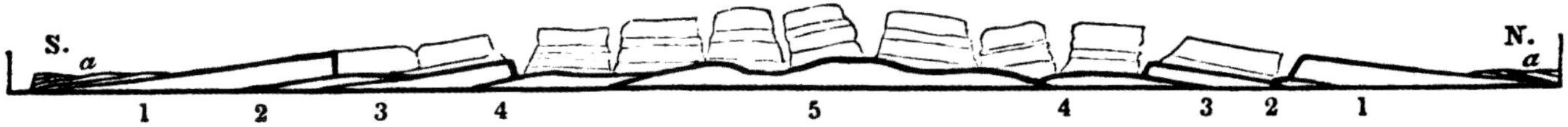

Section from the London to the Hampshire basin across the Valley of the Weald.

a, Tertiary strata. 1, Chalk and firestone. 2, Gault. 3, Lower green-sand. 4, Weald clay. 5, Hastings sands.

Tafel 23: Das Lyells „Prinzipien der Geologie" (Bd. 3, 1833, S. 288) entnommene Profil (unten) zeigt die gesamte Situation von Bild 22 wie den geologischen Aufbau dieser sattelförmigen Schichtaufwölbung.

Tafel 24: Der Graf von Buffon besaß in Burgund eine eigene Eisengießerei, deren Gebäude heute noch gut erhalten sind. Ein stilvoll angelegtes Treppenhaus mit Balustrade ermöglichte es Besuchern, dem Abstich der Schmelze in sicherem Abstand beiwohnen zu können. Hier hat Buffon um 1770 seine Messungen zur Abkühlung von heißen Eisenkugeln unternommen und versucht, daraus das Alter der Erde zu kalkulieren.
Montbard, Burgund

Tafel 25: Granit von den Rehberger Klippen. Ein bis in Details ähnliches Stück hatte Goethe in seine Sammlung aufgenommen. Mit unserem Vorwissen von der schmelzflüssigen Platznahme des Granits können wir an dieser Probe sehen, wie der Granit (hell) in die Grauwacken (dunkel) eingedrungen ist und dabei einzelne Grauwackenstücke isoliert hat. Die Grauwacken wurde am Kontakt zur Granitschmelze thermometamorph verändert: auch diese durch Rekristallisationsprozesse erfolgte Veränderung des Gefüges ist an den schmalen dunklen Rändern der Grauwackeschollen zu sehen. (Das Stück steht auf dem Kopf und ist ca. 15 cm hoch). Goethe selbst hat diesen Erscheinungen keine Aufmerksamkeit geschenkt.
Rehberger Klippen, oberhalb St. Andreasberg (Harz)

Tafel 26: Im Glen Tilt ist Granit in metamorphe Sedimentgesteine eingedrungen. Hier ist liegt ein größerer Granitbereich (hell) unter den (dunkleren) Metasedimenten. Die Grenze zwischen den beiden Gesteinen zieht von den im Mittelgrund sitzenden Personen nach vorne halblinks herunter. Kontakte dieser Art sind im GlenTilt an mehreren Stellen zu beobachten. Für James Hutton, der im Jahr 1785 dieses Tal besucht hat, waren solche Stellen ein sicheres Indiz dafür, dass Granit als Schmelze in das Nebengestein eingedrungen sein muss.
Glen Tilt östlich Blair Atholl (Schottland)

Tafel 27: Detailansicht eines Gerölls aus dem Flussbett des Tilt: Ein gerade nur handgroßes Gesteinsstück kann eine ganze Theorie bestätigen. Ein (heller) Granitgang durchschlägt die metamorphen Sedimente und schneidet dabei die darin erhaltene Schichtung. Die Beziehung der beiden Strukturen zueinander belegt, dass die Schichtung, und damit das Sedimentgestein relativ älter als der Granitgang sein muss, da letzterer nur das schneiden kann, was schon vor seinem Eindringen vorlag. Wir wissen, dass James Hutton 1785 ein ähnliches Stück in den Händen hatte und können seiner Interpretation nur zustimmen. Glen Tilt östlich Blair Atholl, Schottland

Tafel 28: In Island verläuft der Mittelatlantische Rücken über das Festland. Wenn die Lithosphäre der Erde in einem Bereich wie hier mit mehreren cm/Jahr auseinanderrückt, muss sie an anderer Stellen wieder komprimiert oder zur Tiefe hin verschluckt werden. Einige globale tektonische Prozesse verlaufen somit doch in einer Geschwindigkeit, die im Rahmen der menschlichen Beobachtungsspanne liegt und inzwischen sehr präzise gemessen werden kann. Hätte Alfred Wegener die heutige Technik zur Hand und ein paar Jahre Messdauer zur Verfügung gehabt, hätte er das von ihm angenommene Auseinanderrücken von Amerika und Europa belegen können. Ob er damit auch die Geologen überzeugt hätte, die ihren Fokus auf das Studium der in der erdgeschichtlichen Vergangenheit entstandenen Gebirge gerichtet hatten, ist allerdings eine andere Frage. Thingvellir, Island

Tafel 29: Wasserfälle markieren Irregularitäten in der Gefällskurve eines Flusses. Stets sind sie auch ein Zeichen für die geologische Jugend des Hindernisses, denn früher oder später wird der Fluss diese Störung ausgebügelt haben. Der Godafoss hat seine Ursache in einem quer zur Fließrichtung verlaufenden Lavastrom. Die Durchschneidung der Lava erfolgt jedoch langsamer als das Zurückwandern der Gefällstufe, an der durch das Wegbrechen unterspülter Basalsäulen die Steilheit der Stufe stets erneuert wird. Godafoss, Island

Tafel 30: Die Transportkraft von Gletschereis kann in wenigen tausenden Jahren große Mengen an Gestein mobilisieren. In der Nähe des ehemaligen Randes des skandinavischen Inlandeises zeugen gewaltige Blockmoränen von dieser Wirkung. Halbinsel Hindsholm, Nordspitze Fyn Hoved, Dänemark

Tafel 31: Jugendliche Eiszeitlandschaft in Island. So ähnlich mag es am Alpenrand gegen Ende der letzten Kaltzeiten mehrfach ausgesehen haben. Doch da Eiszeitlandschaften überwiegend aus Anhäufungen von Lockermassen bestehen, werden ihre Spuren schon bald undeutlicher. Island

Tafel 32: Eis schmilzt schneller, als Berge abgetragen werden. Ozeane können viel schneller steigen, als Gebirge wachsen. Island

(1820) Überlegungen zur thermischen Geschichte der Erde zu Papier gebracht. In dieser und einer weiteren auf die Erde bezogenen Arbeit (1824) hatte Fourier versucht, die theoretischen Probleme und die mathematische Behandlung zu diesem Thema herauszuarbeiten.[120] Fourier nutzte sein Werkzeug aber nicht, um selbst Berechnungen zum Alter der Erde vorzunehmen – es scheint, ihn interessiert mehr das Problem als seine Lösung.

Wie vor ihm Buffon (1775)[121] ging Fourier von einer anfangs heißen Erde aus. Nach einer frühen, raschen Abkühlung soll der Wärmefluss so weit abgenommen haben, dass die Temperatur-Veränderungen an der Erdoberfläche in der Folge auch über lange Zeiträume nur noch gering waren. Die Arbeiten Fouriers wurden in weiten Bereichen beachtet, und die Frage nach der thermischen Geschichte der Erde wurde zu einem Thema, das in einen anhaltenden Diskussionsfluss mündete. So hat etwa die „Holländische Gesellschaft für Wissenschaften in Harlem" im Jahr 1832 eine Preisfrage zum Thema „Erdwärme" gestellt. Der an der Universität in Bonn wirkende Gustav Bischof hat diesen Wettbewerb gewonnen und die Schrift 1837 in erweiterter Form publiziert.[122]

Schon im jungen Alter hatte sich William Thomson (1824–1907) – später wegen seiner wissenschaftlichen Verdienste zum Lord Kelvin geadelt – mit Fragen der Wärmelehre befasst. Im Jahr 1852 publizierte er jene theoretischen Grundlagen, die später als *Zweiter Hauptsatz der Thermodynamik* bezeichnet wurden: Die Zerstreuung von mechanischer Energie, vor allem in Form von Wärme, ist demnach ein unumkehrbarer Prozess.[123] Dies bedeutet auch, dass Sonnen und Planeten nicht langfristige oder gar endlos gleichbleibende Systeme sein können. Bereits in dieser klassischen Arbeit bringt der Autor die Konsequenzen auch für die Dauer des Lebens auf der Erde unmissverständlich zum Ausdruck:

> Innerhalb eines endlichen Zeitabschnitts der Vergangenheit muss die Erde für das Leben von Menschen, in seiner gegenwärtigen Konstitution, ungeeignet gewesen sein, und innerhalb eines ebenso endlichen Zeitabschnitts wird die Erde es wieder sein; außer es wirkten Prozesse, oder es werden Prozesse wirken, die unter den Gesetzen, denen die bekannten Prozesse der materiellen Welt folgen, unmöglich sind.[124]

So gesehen, kann die Erde nicht nur metaphorisch als eine Maschine bezeichnet werden: Die Erde ist, physikalisch betrachtet, eine Maschine! Der Zweite Hauptsatz bestimmt, dass die Erde mit ihren geologischen Prozessen nicht als eine ewig laufende Maschine gesehen werden kann, sondern ihre Energie in unumkehrbarer Weise endlich sein muss. Und das ist nicht nur eine allgemeine philosophische Perspektive – der Energieverlust konnte dank der Mathematik auch kalkuliert werden. Dem Blick in die Tiefe der Zeit werden nun mit den nüchternen Gleichungen der Wärmetheorie Grenzen gesetzt.

Die Gleichförmigkeit der geologischen Prozesse, die Lyell und auch Darwin als methodologische Grundlage entwickelt und herangenommen hatten, wird nun aus der Perspektive der Wärmetheorie grundsätzlich in Frage gestellt: Die Geschichte der Erde muss eine thermische Entwicklung haben, und im Rahmen einer solchen Entwicklung sind langwährende, gleichförmige Zustände problematisch. Genau in dieser Weise begann Thomson/Kelvin nach der Publikation von Darwins „Vom Ursprung der Arten" energisch gegen das Gleichförmigkeits-Denken und die ihm willkürlich erscheinenden Zeitmaßstäbe gerade dieser Geologen zu argumentieren. Die erste Gegenattacke Kelvins erfolgte noch in einem Zusammenhang, der eigentlich der thermischen Entwicklung der Sonne galt. Dieser Text beginnt mit einem massiven Hinweis auf die unerschütterliche Gültigkeit des zweiten Hauptsatzes der Thermodynamik:

> Das zweite Gesetzt der Thermodynamik birgt in sich ein sicheres Prinzip unumkehrbarer Wirkung in der Natur. Obwohl mechanische Energie grundsätzlich immer erhalten bleibt, gibt es eine allgemeine Tendenz zu ihrer Zerstreuung, die eine graduelle Ausbreitung und Streuung von Wärme, sowie das Erlöschen von Bewegung und Erschöpfung potentieller Energie in der materiellen Welt verursacht.[125]

Nach einigen Seiten hat seine Argumentation den Punkt erreicht, an dem hinreichend deutlich geworden ist, dass auch die Sonnenenergie endlich und von kalkulierbarer Dauer ist. Noch bevor er die Zahlen konkret nennt, stellt er – gleichsam im Vorbeigehen – gegen Darwin den Anspruch heraus, dass dessen Annahmen über die Geschwindigkeit der Klifferosion wesentlich wahrscheinlicher unzutreffend sind als die physikalischen Grundlagen der Wärmetheorie, sowie auch die an dieser Stelle vorgenommenen Berechnungen zum Energiehaushalt der Sonne:

> Was sollen wir denn von solchen geologischen Schätzungen wie die 300,000,000 [300 Millionen] Jahre für die „Freilegung des Weald" halten? Als ob es wahrscheinlicher wäre, dass sich die physikalischen Bedingungen der Sonnenmaterie 1000mal mehr von der Materie in unseren Laboratorien unterscheidet, als uns die Dynamik zwingt es anzunehmen; oder dass ein stürmisches Meer, vielleicht Gezeiten-

ströme mit besonderer Gewalt, ein Kreidekliff 1000 mal schneller angreifen können als Mr. Darwins Schätzung von 1 inch/Jahrhundert?[126]

Am Ende nennt Thomson/Kelvin Zahlen, die das Reservoir an Sonnenenergie auf einen Zeitraum zwischen 100 Millionen und 500 Millionen Jahre einschränkt – wobei der untere Betrag kürzer ist als der von Darwin schon allein für die Denudation des Weald angenommene Zeitraum, und der obere nur wenig über Darwins Schätzung hinausreicht:

> Es scheint daher äußerst wahrscheinlich, dass die Sonne die Erde nicht 100,000,000 [100 Millionen] Jahre, und nahezu sicher keine 500,000,000 [500 Millionen] Jahre beleuchtet hat. Was die Zukunft betrifft, können wir mit gleicher Sicherheit sagen, dass die Bewohner der Erde nicht fortdauernd weiter Licht und Wärme der Sonnen werden genießen können, sofern nicht uns heute noch unbekannte Energiequellen im großen Lagerhaus der Schöpfung bereit liegen.[127]

Innerhalb nur eines Jahres folgt schließlich Kelvins Arbeit über „die lang anhaltende Abkühlung der Erde“ (1863). Nun geht es weniger gegen Darwin als Autor einer offenbar absurden Zeitvorstellung, sondern gegen jene Vertreter der Geologie, die das Prinzip der Gleichförmigkeit vertreten:

> Achtzehn Jahre lang hat es meinen Verstand bedrückt, dass wesentliche Prinzipien der Thermodynamik von jenen Geologen übersehen wurden, die in kompromissloser Weise gegen alle Hypothesen von anfallsartigen, heftigen Ereignisse waren; und die nicht nur behaupten, dass wir heutzutage vor uns Beispiele von allen möglichen Prozessen auf der Erde finden, die die Kruste in der Erdgeschichte verändert haben, sondern dass diese Prozesse auch niemals, oder zumindest nicht insgesamt, in der Vergangenheit heftiger waren als in der Gegenwart.[128]

Das Konzept der Gleichförmigkeit wäre damit bei allen temperaturabhängigen Prozessen in Frage zu stellen. Kelvin denkt vor allen an die magmatischen Prozesse. Insbesondere in Hinblick auf vulkanische Aktivitäten wäre es

> wunderbar, aber nicht absolut unglaublich, wenn vulkanische Aktivitäten in den letzten 200 oder 300 Jahren nicht heftiger gewesen wären; aber es ist ebenso sicher, dass der Erde heute insgesamt weniger vulkanische Energie zur Verfügung steht als es vor 1000 Jahren[129]

Mit dieser Arbeit beginnt die Ära, in der nun konkrete Zahlen zum Alter der Erde genannt werden. Die erste Kalkulation, die Kelvin hier vorlegt, geht von einer – aus heutiger Sicht zu hohen – Schmelztemperatur der Gesteine bei ca. 7000 °Fahrenheit [3832 °C] aus. Unter dieser Voraussetzung müsste die Erde vor etwa 98 Millionen Jahre eine feste Kruste bekommen haben.[130]

Die Diskussion um die Dimension der Erdgeschichte zog sich bis zum Ende des 19. Jahrhunderts hin. Mit dem anfänglichen Wert von 98 Millionen Jahren hätten sich zu jener Zeit wohl viele Geologen arrangieren können, doch im weiteren Verlauf wurde der zeitliche Spielraum für erdgeschichtliche Spekulationen zunehmend eingeengt. Im Jahr 1876 war es Peter Guthrie Tait, der in seinen Vorlesungen zu den neuesten Fortschritten der Physik der Erde gar nur 10 Millionen Jahre zugestehen wollte.[131] Kelvin selbst war in seinem letzten Beitrag *Die Erde als ein für das Leben geeigneter Wohnplatz* (1899) nur scheinbar großzügiger, denn die von ihm etwas vage eingeräumten 20–25 Millionen Jahre gaben der Erdgeschichte nicht den Raum, der für viele Prozesse, und vor allem für die Evolution des Lebens, notwendig schien.[132]

Den Spielraum für eine natürliche Entwicklungsgeschichte des Lebens war für die Erde schließlich so eingeengt, dass Kelvin – offenbar sehr mit sich zufrieden – sie am Ende seines Beitrages als unmöglich beurteilt:

> Meine Aufgabe war streng auf das beschränkt, was wir, menschlich gesprochen, das zufällige Geschehen der Atome nennen würden, und wie dieses zur Zubereitung der Erde als eines für Leben geeigneten Wohnplatz führte – mit der Ausnahme, dass ich mich auf Vegetation insofern bezogen habe, als diese möglicherweise zur Vorbereitung einer geeigneten Atmosphäre für tierisches Leben beitrug, wie wir es heute kennen. Mathematik und Dynamik versagen, wenn wir uns die Erde zwar für Leben geeignet, aber noch ohne Leben denken, und wir uns den Beginn des Lebens vorzustellen versuchen. Das geschah sicher nicht durch irgendeine chemische Reaktion, durch Elektrizität oder eine kristalline Gruppierung von Molekülen unter dem Einfluss einer Kraft, oder womöglich durch eine zufällige Anordnung von Atomen. Angesichts des Geheimnisses und des Wunders der Erschaffung lebender Wesen müssen wir innehalten.[133]

Kein Zweifel, Kelvin wollte auf einige Dinge außerhalb der Physik Einfluss nehmen. Kelvin war kein naiver Kreationist, doch wollte er auch nicht gerne von der Vorstellung des „Intelligenten Designs“ abweichen, und auf keinen Fall wollte er „Natürliche Selektion“ im Sinne Darwins als Mechanismus einer natürlichen Evolution akzeptieren.[134] So war sein Engagement um die Bestimmung des Alters der Erde ganz wesentlich von dieser Gegnerschaft zu Darwins Theorie genährt.

Darwin verstarb 1882 und hat den späteren Verlauf der Debatte nicht mehr erlebt. Eine unmittelbare Reaktion auf die Kritik Kelvins war jedoch, dass er seine Kalkulation über die „Freilegung des Weald" von der Schreibkreide in den späteren Auflagen der *Origin of species* gestrichen hat. Auch hat er Überlegungen angestellt, wie Evolution auch in einem kleineren Zeitraum, also schneller, verlaufen könnte.

Wie auch immer, die Aktien für Darwins Evolutionstheorie standen am Ende des 19. Jahrhunderts nicht besonders gut. Dennoch gilt es festzuhalten, dass das von Lyell empfohlene Gleichförmigkeitsprinzip der Einschränkung der erdgeschichtlichen Zeit im Grunde doch widerstanden hat. Die Prämisse, erdgeschichtliche Zeugnisse in erster Linie durch die Summierung kleiner Effekte zu erklären, hat sich vor allem im angelsächsischen Raum weiter als bevorzugter wissenschaftlicher Ansatz gehalten.

Die Debatte um das Alter der Erde hatte ihren Ursprung und Schauplatz im Wesentlichen in Großbritannien. Zweifellos hatte aber die ganze, weltweite Geologen-Gemeinde zur Kenntnis nehmen müssten, dass die Physik der Erdgeschichte mit offenbar guten Gründen Grenzen setzte. Der Umgang mit der erdgeschichtlichen Zeit hat sich dadurch verändert: Anstatt sie als beliebiges Reservoir zur Erklärung erdgeschichtlicher Prozesse zu nutzen, galt das Augenmerk nun einer festen, möglichst präzisen Strukturierung der Erdgeschichte.

Daran hat die folgende Entdeckung der Radioaktivität nichts Wesentliches geändert. Auch wenn diese neue bekannt gewordene Energiequelle es ermöglichte, das Alter der Erde gleichsam von einem Moment zum anderen wieder offener und weiter denken zu können, war doch jedem Geologen klar, dass ihre Geschichte dennoch eine physikalisch bedingte Grenze haben muss.

Die Entdeckung der Radioaktivität: Die Erde wird wieder älter

Als gegen Ende des 19. Jahrhunderts die Radioaktivität bekannt wurde, dauerte es nicht lange bis zur Einsicht, dass beim radioaktiven Zerfall Wärme frei wird. Damit war tatsächlich ein neue, bis dahin unvorstellbar gewesene Energiequelle gefunden. Es gibt einen in der Wissenschaftsgeschichte oft zitierten Bericht von Ernest Rutherford, der als einer der ersten die Bedeutung der Radioaktivität für den Energiehaushalt der Erde erkannte und in Anwesenheit Kelvins dazu vortrug.[135]

Folgt man diesem Bericht, dann hat Kelvin das äußerlich ungerührt zur Kenntnis genommen. Rutherford hat ihm demnach aber auch die Karte zugespielt, dass Kelvin seine Berechnungen ja immer stets unter dem Vorbehalt gestellt hätte, dass sie nur solange gelten können, wie keine neue Energiequelle entdeckt wird. Aber vielleicht ist das auch nur einer der vielen lieb gewonnenen Mythen der Wissenschaftsgeschichte.

Andere Wissenschaftshistoriker sind der Meinung, dass Kelvins Kalkulationen gegen Ende des 19. Jahrhunderts ohnehin zunehmend hinterfragt wurden – nicht weil er sich verrechnet hätte, sondern weil es zu den von ihm heran genommenen Voraussetzungen durchaus Alternativen gab. So hatte der Physiker John Perry zu bedenken gegeben, dass eine Erde mit konvektierendem Mantel unter einer nur schlecht wärmeleitenden Kruste eine andere thermische Entwicklung nehmen könnte. Unter einer solchen Voraussetzung wäre auch ein weit höheres Alter der Erde möglich.[136] Eine derart veränderte Sicht auf den Aufbau der Erde hat sich aber erst nach 1960 im Zusammenhang mit dem neuen Konzept der Plattentektonik durchgesetzt.

Mit der Entdeckung der radioaktiven Elemente wurde schon bald die Möglichkeit denkbar, das Alter von Gesteinen anhand der in ihnen enthaltenen radioaktiven Spaltprodukte zu messen. Das Verfahren war, rein theoretisch betrachtet, einfach. Schwierig war hingegen die technische Durchführung, an deren Ende ja eine hinreichend vertrauenswürdige Genauigkeit stehen sollte[137].

Es war ein Glücksfall für die Geologie, dass sich mit Arthur Holmes (1890–1965) ein engagierter junger Wissenschaftler dieser Aufgabe in einer Art Langzeitprogramm widmete. Schon 1913 erschien eine Zusammenfassung seiner ersten Ergebnisse, nicht ohne Charme mit folgenden Worten eingeleitet:

> Es ist vielleicht ein wenig taktlos, unsere Mutter Erde nach ihrem Alter zu fragen, aber Wissenschaft billigt keine Scham und hat von Zeit zu Zeit kühn versucht, ihr ein Geheimnis abzuringen, das sprichwörtlich gut behütet ist.[138]

Die darin angegebenen Blei-Alter für den ältesten geprobten Abschnitt von Gesteinen des Archaikums ergaben Werte von 1400–1600 Millionen Jahre. Diese Daten haben das von der vor-radioaktiven Physik eingeräumte Alter um mehr als das 10fache erweitert, wenn man die engsten Angaben von Tait nimmt, sogar um das 100fache. Zugleich liegen sie bereits in der Dimension der heutigen Datierungen.

Eine verbesserte Genauigkeit war erst möglich, als man die Elemente in Isotope zu differenzieren und diese auch in ihren Anteilen nachzuweisen vermochte. In der Mitte der 50er Jahre waren dann schließlich Standards erreicht, die es Clair Cameron Patterson (1922–1995) am *California Institute of Technology* ermöglichten, das Alter der Erde auf der Grundlage von Meteoriten auf 4,55 Milliarden Jahre zu datieren.[139] Zahlreiche neuere Messungen haben diesen Wert bis auf kleine Abweichungen bestätigt.

Das Alter der Erde scheint damit für alle Zeiten geklärt zu sein. Doch ein physikalisches Datum sagt wenig dazu aus, wie das Verhältnis von Gegenwart und Erdgeschichte tatsächlich wahrgenommen wird. Es hat sich gezeigt, dass diese Wahrnehmung weniger davon abhängt, wie man das Alter der Erde einschätzt oder davon weiß. Viel bedeutender ist offenbar der Eindruck, ob und in welcher Weise geologische Prozesse tatsächlich unsere Gegenwart oder gar unsere Zukunft berühren können.

Granit – Gibt es ein Urgestein?

> Jeder Weg in unbekannte Gebirge bestätigte die alte Erfahrung, dass das Höchste und das Tiefste Granit sei, dass diese Steinart, die man nun näher kennen und unterscheiden lernte, die Grundfeste unserer Erde sei.

Goethes Reflexionen „Über den Granit“ (1784) sind gut bekannt.[140] Wenn man den Begriff „Urgestein“ hört, dann werden viele an Granit denken – ein Gestein, das auch Nicht-Geologen zumindest vom Namen her vertraut ist. Der Spruch „Feldspat, Quarz und Glimmer, die vergess ich nimmer!“, hat dazu beigetragen, dass viele sogar von seine Mineralkomposition gehört haben. „Der älteste, ewige Altar, der unmittelbar auf die Tiefe der Schöpfung gebaut ist“. Goethes Sicht dürfte auch heute noch von manchen geteilt werden.

Goethes Verweis auf die wissenschaftliche Erfahrung schien zu seiner Zeit gut begründet. Kam man in ein Gebirge, dann war es tatsächlich so, dass man in seinem Kern, unter höheren Formationen liegend, in der Regel den Granit fand. Und stets schien es so, dass dieser Granit – wie der Brocken im Harz oder der Mont Blanc in den Alpen – zugleich auch am weitesten in die Höhe ragte.

Es gibt – bis zu den ersten abweichenden Beobachtungen von Schülern Abraham Gottlob Werners im frühen 19. Jahrhundert – im deutschen Sprachraum keinen Bericht von einem Vorkommen, in dem der Granit eindeutig *über* einem anderen Gestein lagernd vorgefunden worden wäre. Es gab somit nicht einmal begründete Verdachtsmomente dafür, dass Granit jünger als andere Formationen und damit nicht „Urgestein“ sein könnte. Im System Werners war der Granit, zusammen mit anderen Spielarten kristalliner Gesteine, Teil des *Uranfänglichen Gebirges*.[141] Damit war die Position des Granits als ein Gestein in der tiefsten Formation der Erdkruste auch Inhalt der über die Freiberger Bergakademie weit verbreiteten Lehre.

Goethe selbst hat Granit als Gestein durchaus auch aus eigener Anschauung gut gekannt. Aber eine Stelle, an der der Kontakt dieses Urgesteins zu den nächst folgenden Formationen, und damit seine zuunterst gelegene Position direkt zu beobachten war, ist naturgemäß nicht einfach zu finden. Aber im September 1783 war es schließlich so weit. Ein Bericht seines Freundes, des Berghauptmanns Friedrich Wilhelm Heinrich von

Trebra (1740–1819), schildert ihren Weg entlang des Rehberger Grabens im Harz oberhalb Sankt Andreasberg.[142] Aufmerksam geworden durch herabgefallene Bruchstücke von „Granit mit aufgesetztem, eingewachsenen dunkelblauem, fast schwarzem, sehr hartem (jaspisartigem) Tongestein", steigen sie zu darüber liegenden Felsen – den sogenannten Rehberger Klippen – hinauf:

> Und wir kamen zusammen heran an den Fuß der Felswand, wo wir nun gar deutlich den Abschnitt des schwarzen Gesteins auf dem blaß fleischroten Granit in gar langer Linie sich hinziehend erkennen konnten. Aber, unserer ziemlichen Größe ungeachtet, erreichen mit den Händen konnten wir sie doch nicht. „Wenn du dich fest hinstellen wolltest", sagte mein Freund [Goethe] zu mir, „so wollte ich jene in den Felsen eingewachsene Strauchwurzel ergreifen, mich im Anhalten an sie hebend auf deine Schultern schwingen, und dann würde ich den so kenntlichen Abschnittsstrich wenigstens mit der Hand erreichen können." So geschah's und wir hatten das seltne Vergnügen, den merkwürdigen Abschnittsstrich von hier eingewurzelten Urgebirge, roten Granit und draufstehendes dunkel-, fast schwarzblaues Tongestein nahe zu sehen, sogar mit Händen zu greifen.

Diese Episode ist in der Tat bemerkenswert. Wir erwarten uns davon, dass Goethe und von Trebra angesichts dieses direkten Blicks auf den Kontakt zwischen Granit und seinem geologischen Überlager auch besondere Beobachtungen machen – Beobachtungen, die die Art dieses Kontaktes näher, konkreter und vielleicht gar in Hinblick auf die Bildungsumstände beleuchten. Doch dem ist nicht so. Trebra hat zwar – siehe oben – das in den Granit „eingewachsene, dunkelblaue Tongestein" bemerkt, Erscheinungen wie dieser aber offensichtlich keine weitere Bedeutung zugemessen. Offenbar gab es nichts, was der Erwartungshaltung in so auffälliger Weise zuwider lief, dass es der Erwähnung, vielleicht sogar einer Skizze, oder gar einer Diskussion hinsichtlich seiner Bedeutung für die Vorstellungen von der Entstehung des Granits bedurft hätte.

Welche Theorie des Granits hatten Goethe und Trebra vorausgesetzt? Eigentlich war es nur ein Aspekt, der den Blick leiten konnten: Granit ist nach Abraham Gottlob Werner, dem Goethe hier ohne zu zweifeln folgte, eine Abscheidung aus dem Wasser und gehört zum Uranfänglichen Gebirge. Wenn also über dem Granit Gesteine der Art folgten, wie sie an den Rehberger Klippen zu finden waren, dann entsprach das genau dem, wie es nach den erdgeschichtlichen Vorstellungen Werners auch sein sollte.

Goethe hat von der Blockhalde am Fuß der Klippen eine Probe mitgenommen, in der der Kontakt zwischen dem Granit und dem Tongestein (aus heutiger Sicht eine feinkörnige Grauwacke) erfasst ist. An dieser in seiner Sammlung aufbewahrten Probe ist deutlich erkennbar, wie der Granit zwischen das dunkle Sedimentgestein eingedrungen ist.[143] Aber „zwischen das dunkle Sedimentgestein eingedrungen" ist die theoriebestimmte Sprache jener, die die magmatisch-flüssige Natur des Granits voraussetzen. Einen solchen Hintergrund vorausgesetzt, hätte ein Beobachter des Granitkontakts an den Rehberger Klippen viele aussagekräftige Hinweise für den intrusiven Charakter des Granits finden können: Neben den Adern, die vom Granit in seine sedimentäre Hülle ausgingen, den dadurch teilweise losgelösten kleinen Gesteinsstücken, wären vor allem die Veränderungen, die das Granitmagma durch seine Temperatur am Kontakt zum Nebengestein verursacht hat, erwähnenswert gewesen. Den von Trebra als „Jaspis" bezeichneten dunklen, harten Tonstein würde man heute als eine Folge der Kontaktmetamorphose ansehen.

Bis in viele Details ähnliche Bilder von einem Granit-Nebengesteinskontakt kann man im Schottischen Hochland im Glen Tilt bei Blair Atholl finden. Im Jahr 1785, also nahezu zur gleichen Zeit, in der Goethe in Deutschland über den Granit schrieb, war James Hutton mit seinen Freunden auf dem Weg in den Glen Tilt. Im Zusammenhang seiner theoretischen Überlegungen musste die innere Wärme der „Maschine Erde" in der Lage sein, Gesteine aufzuschmelzen. Vulkanausbrüche waren ein beredter Ausdruck dieser Aufschmelzungen. Hutton konnte in der Umgebung von Edinburgh an mehreren Stellen beobachten, wie solche Schmelzen in die benachbarten Gesteine eingedrungen waren, diese dabei verstellten und an den Kontakten auch thermisch verändern konnten.

Nun sah Granit deutlich anders aus als die überwiegend dunklen, feinkörnigen Vulkangesteine – doch wie diese war der Granit sicher nicht durch Umlagerung von zerkleinerten Partikeln entstanden, denn sein Gefüge bestand aus einem festen, dichten Verband gewachsener Kristalle. Die Hypothese, auch Granit könnte aus einer kristallisierten Schmelze stammen, war also gar nicht so abwegig. Sollten sich Belege dafür finden lassen, dann würde das bedeuten, dass all die vielen, mächtigen Granite, wie sie im Schottischen Hochland häufig sind, unmittelbarer Ausdruck der thermischen Aktivität der Maschine Erde wären. Diese Aktivität, besonders das Aufsteigen von Schmelzen und ihr Eindringen zwischen andere Gesteine, könnte dann auch der Mechanismus sein, der die unter dem Meeresspiegel liegenden Abschnitte der Erdkruste wieder heraus zu heben vermag. So können auch die Bodenverluste durch die allgegenwärtige Erosion wieder ausgeglichen, Meeresboden wieder zu nutzbarem Ackerland werden.

Ein solcher Nachweis für das schmelzflüssige, intrusive Verhalten des Granits war daher von zentraler Bedeutung für das theoretische Konzept Huttons. Wenn die Theorie bestätigt werden konnte, war darüber hinaus auch die Zukunft des Menschen gesichert, zumindest was verfügbares Ackerland angeht. Sein Biograph John Playfair bringt die Erwartungshaltung Huttons in folgender Weise auf den Punkt:

> In solchen Fällen würde man erwarten, dass Adern des im Schmelz-Zustand gewesenen Gesteins in das feste Gestein eingedrungen sind; einige unvollständige Beschreibungen von Granitadern gaben Anlass zur Vorstellung, dass diese Erscheinung tatsächlich beobachtet wurde. Dr. Hutton war bemüht, seine Theorie anhand eines „entscheidenden Belegs" [instantia crucis] einem strengsten Test zu unterwerfen.[144]

Tatsächlich konnten unsere Geologen diese Belege finden:

> Als sie die sieben Meilen talaufwärts gelegene Waldhütte erreichten, fand sich Dr Hutton bereits inmitten der Gegenstände, die er überprüfen wollte. Im Bett des Flusses waren viele Adern roten Granits zu sehen (nicht weniger als sechs mächtige Adern innerhalb einer Meile), die die schwarzen, glimmerführenden Schiefer querten, und die durch den Farbkontrast eine Wirkung erzielten, die selbst einem ungeübten Beobachter aufgefallen wäre. Der Anblick dieser Verhältnisse, die zugleich so viele bedeutende Folgerungen seines Systems bestätigten, erfüllten ihn mit Freude; und seine Gefühle, die bei solchen Gelegenheiten stets kraftvoll zum Ausdruck kamen, mussten die ihn begleitenden Führer Glauben machen, dass es nichts weniger als die Entdeckung einer Silber- oder Goldader sein müsse, die solche starke Zeichen von Freude und Jubel hervorrief.[145]

An dieser Freude können wir heute noch teilhaben. Es genügt sich vorzustellen, wie es sich anfühlt, jahrelanges Denken, und auch das Suchen nach solchen Belegen, in dieser nicht nur passablen, sondern wirklich äußerst prägnanten Geländesituation bestätigt zu finden. Über den emotionalen Moment hinaus ist es auch der Triumph einer Methode, die die grundlegenden Schwierigkeiten bei der Beobachtung geologischer Prozesse zu überwinden versuchte: Die Unmöglichkeit der direkten Beobachtung, und dies nicht nur deshalb, weil diese Prozesse möglicherweise unmerklich langsam verlaufen, sondern auch, weil sie in der Tiefe stattfinden und damit grundsätzlich unzugänglich sind. Doch was heute möglicherweise in der Tiefe stattfindet, kann in der geologischen Zukunft an der Oberfläche sichtbar werden – oder umgekehrt: Es kann an der Oberfläche sichtbar sein, was einst in der Tiefe geschah. Und das gerade in dem Konzept Huttons, in dem Hebungen und Senkungen ja zum Alltag der Erdgeschichte gehören.

Wenn wir den Blick wieder zu Goethe wie auch zu Abraham Gottlob Werner wenden, dann zeigen sich Unterschiede in den Ansätzen, wie sie deutlicher kaum sein könnten. Der Granit war für Goethe eine Erscheinung der ältesten Erdgeschichte. Nur damals konnte er auch gebildet werden – seit jener frühesten Zeit scheint Erde, was die *wirkenden Ursachen* betrifft, eine andere geworden zu sein.

Huttons Bild von der Erde ist hingegen von der Idee geprägt, dass die wirkenden Ursachen stets die gleichen geblieben sind. Um diese nachzuweisen, muss man unter Umständen aber weite Wege gehen, und nicht nur die engen Grenzen der menschlichen Zeit, sondern auch die zwischen der Oberfläche und den Tiefen der Erde überwinden.

Indem der Granit als ein magmatisches Gestein erkannt war, und zugleich auch sein Potential, in oder unter andere Gesteine einzudringen, war es James Hutton gelungen, den Motor für die Heraushebung neuen Landes aus dem Meer aufzeigen zu können.[146] Die Zukunft der Menschheit schien so zumindest in dieser Frage gesichert zu sein. Die Erdgeschichte schien es mit den Menschen gut zu meinen.

Ab- und Wiederkehr der Erdgeschichte

Schöner Schrecken: Die erdgeschichtliche Katastrophe in der Frühzeit der Geologie

Ist die Erde ein sicherer Ort? Und wie weit können wir uns darauf verlassen? Diese Fragen haben das Interesse an der Erdgeschichte gerade auch in ihrer frühen Zeit im 18. Jahrhundert geleitet. Eine hoffnungsvolle Zukunft, befreit von dem Schatten einer bald drohenden Apokalypse und dem Jüngsten Gericht, war ein wesentliches Element der Aufklärung. Die Entwicklung des Menschen, sei es aus der von Kant als „selbst verschuldeten Unmündigkeit" bezeichneten Zustand,[147] sei es in technischer und wissenschaftlicher Hinsicht, stand ja gerade erst am Beginn.

Die Vergangenheit ist immer auch der Hintergrund, von dem aus Erwartungen an die Zukunft formuliert oder gar präzisiert werden – wenn wir am Ende dieses Kapitels in der Gegenwart angekommen sind, wird uns die Formel „Die Vergangenheit ist der Schlüssel zur Zukunft" erneut, dann aber in aktualisierter Form begegnen.

Wenn eine frühe Geologie den biblischen Schöpfungsbericht – inklusive seiner apokalyptischen Zukunftsperspektive – als naturgeschichtlich zuverlässige Quelle aufgegeben hat, dann war vieles denkbar. Wollte man völlig auf die schützende Hand Gottes oder das Vertrauen auf seine Weisheit bei der Einrichtung der Welt verzichten? Dann stellte sich bald die Frage nach der Verlässlichkeit der Erde für die Zukunft des Menschen. Könnte es nicht sein, dass wir schon morgen Opfer einer geologischen Katastrophe werden und von der Erde verschwinden, so wie die Mammuts am Ende der Eiszeit oder die großen Reptilien an der Wende zum Tertiär?

Dieser in die Vergangenheit wie auch in die Zukunft gerichtete Blick ist bei James Hutton deutlich wahrzunehmen. Sein Glück lag nicht nur darin, in der schottischen Landschaft die Strukturen zu finden, die seine „Theorie der Erde"(1785–1795) in eindrucksvoller Weise zu stützen schienen. Darüber hinaus war ihm aber auch noch vergönnt, damit starke Indizien für eine – aus der Sicht des Menschen – zuverlässige Erde vor sich zu haben.

Die Weisheit, die James Hutton in der Konstruktion der Maschine „Erde" zu erkennen vermeinte, schien allerdings nur dann denkbar, wenn man sich auf ihre langfristigen und grundlegenden Funktionen konzentrierte. Augenfälliger, zugleich auch sensationeller, erschienen den meisten seiner Zeitgenossen jene Zeugnisse, die auf große Veränderungen und Katastrophen verwiesen. Waren es nicht Überschwemmungen, Erdbeben und Vulkanausbrüche, die die Erdgeschichte prägten?

Das verheerende Erdbeben von Lissabon im Jahr 1755 hatte allen deutlich gemacht, wie plötzlich der scheinbar ruhige Verlauf der Erdgeschichte in Gewalt und Zerstörung umschlagen konnte. Die intellektuellen Zentren Europas, an vorderster Stelle Paris, London und Edinburgh, waren von den Gebieten, in denen Erdbeben und Vulkanausbrüche eine ständige Bedrohung waren, weit entfernt – doch war diese Distanz wirklich eine verlässliche? Offenbar nicht – gerade das war die Botschaft, die von Lissabon ausging.

Nicht anders wirkte die Entdeckung erloschener Vulkane in der nahe gelegenen Provinz, die bis dahin als eine von pastoraler Ruhe bestimmte Landschaft angesehen wurde. Die ersten vulkanischen Zeugnisse erdgeschichtlichen Alters wurden in der Mitte des 18. Jahrhunderts in der Auvergne entdeckt.[148] Später rückte mit Cuviers „Katastrophentheorie" das Aussterben ganzer Organismen-Gruppe in den Fokus, und schließlich wurde in der Mitte des 19. Jahrhunderts deutlich, dass die Erde vor noch gar nicht langer Zeit in weiten Teilen von Eis bedeckt gewesen sein muss.

Der Blick in die erdgeschichtliche Vergangenheit bot also durchaus genügend Stoff, um der Zukunft skeptisch entgegen zu sehen. Natürlich waren Spekulationen über erdgeschichtliche Katastrophen immer auch von Sensationslust motiviert, das war in der frühen Phase der Erdgeschichtsforschung nicht anders als heute. Es scheint unwiderstehliche Gründe zu geben, lustvoll Phantasien etwa über das Leben und – vielleicht noch mehr – über das Aussterben der Saurier zu entwickeln, was auch ein Grund dafür ist, das Kinder hier besonders begeisterte wie auch kundige Experten sind.

Die Kulturgeschichte zeigt aber auch, dass hinter diesem Interesse an der Katastrophe mehr als nur Sensationslust stand. Die Größe und Gewalt der Natur, in vieler Hinsicht auch ihre Unergründlichkeit, konnte durchaus Angst und Schrecken verursachen. Es war keineswegs selbstverständlich, in dunkle Höhlen zu kriechen, auf Berge oder gar Vulkane zu steigen oder sich an den Rand tiefer Schluchten zu wagen. Orte, die gerade aus geologischem Interesse besonders „anziehend" waren, befanden sich nahezu regelhaft dort, wo man normalerweise nicht hinging.[149] Es bedurfte schon der Mithilfe des Verstandes, um solche Orte auch als besonders interessante Naturschauplätze zu begreifen, als Orte, an denen ein Beobachter den natürlichen Vorgängen besonders nahe kommen konnte – und unter solchen Umständen auch das Risiko eines Besuchs kalkulieren zu können. Erst wenn sich der kleine, zerbrechliche Erdenbürger zusammengenommen hatte und bereit war, diese Risiken in Kauf zu nehmen, konnte er sich am Ende auch auf die Faszination einlassen, die von einer solch nahen Begegnung mit den Kräften der Natur auszugehen vermochte.

Über dieses zwiespältige Gefühl wurde in der Philosophie des 18. Jahrhundert viel diskutiert. Für solche Erscheinungen, die neben Schönheit auch diesen beherrschbaren Schrecken vermitteln konnten, wurde schließlich sogar ein eigener Begriff geschaffen: *Erhabenheit*, oder das *Erhabene*.[150]

Es ist die Zeit, in der Wasserfälle und Vulkanausbrüche zum Natur-„Schauspiel" wurden.[151] Die Faszination, die von dieser „Schönheit mit Schrecken" ausging, begleitete auch das Interesse an der Erdgeschichte, wenn sie nicht sogar eine besondere Motivation war.

Auch die Konfrontation mit der „Tiefe der Zeit" war mit der Erfahrung des Erhabenen verbunden. Hier war es zwar weniger die unmittelbare Anschauung als das Gedankenspiel über die Dimension der Erdgeschichte, die dieses Gefühl ermöglichte. Viele Textstellen in der Literatur des 18. Jahrhunderts, in denen die „Tiefe der Zeit" wörtlich ausgesprochen wird, dienen somit auch der Erinnerung oder Wiederbelebung dieser Erfahrung.

Die Möglichkeit, über solche Reflexionen Genuss an Erscheinungen zu finden, die durchaus auch gefährlich sein konnten, waren für die frühe Entwicklung der Geologie ein wirkungsvoller Aspekt: Ohne diese Faszination am „Erhabenen" hätten die Gelehrten noch viel länger am Schreibtisch gesessen. Sie hätte zwar vom „Buch der Natur" gesprochen, es aber selbst nicht wirklich in die Hand genommen.

Die Verdrängung der Katastrophe

Angesichts der Möglichkeit, die Größe der Natur spüren zu können, bargen Naturkatastrophen eine gewisse Ambivalenz. Sofern man nicht selbst betroffen war, oder es sich lediglich um Katastrophen handelt, die in der erdgeschichtlichen Vergangenheit angesiedelt waren, konnte man noch immer auch die Macht der Natur bewundern.

Im Zuge der wissenschaftlichen Entwicklung der Geologie hat sich die Bedeutung der erdgeschichtlich „Katastrophe" aber gewandelt. In der ersten Hälfte des 19. Jahrhunderts rückten die Katastrophen mit ihrem für die Existenz des Menschen bedrohlichen Charakter in den Hintergrund. Stattdessen konzentrierte sich die Diskussion mehr darauf, ob „Katastrophen" als hypothetische Erklärung erdgeschichtlicher Zeugnisse streng genommen überhaupt wissenschaftlich sind, wenn ihr Charakter und ihre Wirkung mit den in der Gegenwart bekannten Prozessen erklärbar sind. Dieser Aufgabe hatte sich vor allem Charles Lyell gestellt.

Bei Georges Cuvier war die Katastrophe im frühen 19. Jahrhundert Ausdruck davon, dass der „Faden der Tätigkeit" zerrissen war. Charles Lyell versucht hingegen, auch große Wirkungen durch die Häufung kleiner Effekte über lange erdgeschichtliche Zeiträume zu erklären. Mit dem starken Einfluss seines Gleichförmigkeits-Prinzips und der Bezugnahme auf gegenwärtig wirkende Ursachen rückte die Katastrophe auch als Erklärungsansatz in den Hintergrund. Katastrophen waren für viele Geologen überhaupt nur dann diskussionswürdig, wenn sie durch die in der Gegenwart wirkenden Ursachen auch verständlich gemacht werden konnten. Erdgeschichtliche Zeugnisse durch die Summierung kleiner Effekte zu erklären, war zum guten geologischen Stil geworden.

Ein weiterer Grund für den Rückzug der Katastrophe lag auch in der Unfähigkeit, die überregionale Bedeutung geologischer Ereignisse wahrzunehmen. Vulkanausbrüche wie die Laki-Eruption in Island (1783–1785), die des Tambora (1815) oder des Krakatau (1883) in Indonesien werden heute als Ereignisse von globaler Bedeutung angesehen, weil ihre Auswirkung auf Atmosphäre und Klima gemessen und nachgewiesen werden kann. Erst heute wird registriert, dass ein Ereignis wie die Laki-Eruption auch weit über Island hinaus Wirkungen zeigte und ebenfalls in England oder Frankreich zahlreiche Menschenleben kostete.[152]

Spekulationen über zukünftige Naturkatastrophen, wie über die Zukunft überhaupt, konnten im 19. Jahrhundert aber ohnehin nicht langfristig zentrales Thema einer Wissenschaft bleiben, die sich ernsthaft im Kreis angesehener Disziplinen positionieren wollte. Als wissenschaftlicher Gegenstand waren letztendlich nur die Zeugnisse der Vergangenheit wirklich greifbar, nur sie konnten mit den Methoden empirischer Forschung bearbeitet werden.

Es gab schier unendlich viel zu finden und zu beschreiben. Die meisten Geologen waren nun damit beschäftigt, den Bau der Erdkruste zu erfassen: Die systematische geologische Kartierung und die Sortierung der geologischen Formationen wurden die hauptsächlichen Themen der Geologie in der zweiten Hälfte des 19. Jahrhunderts – und blieben es bis weit hinein in die zweite Hälfte des 20. Jahrhunderts. Diese Programme wurden über staatliche Institutionen und mit Unterstützung der Universitäten ausgeführt, an denen die Geologie mittlerweile einen festen Platz hatte.[153]

Diese auf den ersten Blick nur wenig spektakulär erscheinende Thematik führte zu einem Problem, dessen Lösung bald als eine zentrale Aufgabe der

Geologie angesehen wurde: Wie sind die tektonisch komplex gebauten Faltengebirge entstanden? Die Tektonik – also die Wissenschaft vom Bau der Erdkruste und den sie formenden Kräften – wurde so gegen Ende des 19. Jahrhunderts zu einem besonders geschätzten Forschungszweig.

Königsdisziplin Tektonik – der Rückzug in die Erdgeschichte

Die Kruste der Erde ist nicht überall gleich geordnet. In vielen Bereichen sind die Gesteinsformationen nur wenig verstellt und in ihrer Abfolge einfach zu rekonstruieren. Daneben gibt es aber auch Abschnitte, in denen die Kruste offenbar gewaltigen Deformationen ausgesetzt war: Einst horizontal abgelagerte Schichten sind in Falten geworfen, Gesteine unterschiedlichster Herkunft und unterschiedlichen Alters finden sich in scheinbar wirrem Durcheinander, ganze Abfolgen stehen möglicherweise sogar auf dem Kopf.

Warum sind die einen Bereiche der Erdkruste so wenig, warum die anderen so intensiv von Deformationen und Verstellungen betroffen gewesen?

Um das große Rätsel der Faltengebirge verstehen zu können, galt es, zuerst ihre tektonische Struktur präzise zu erfassen. Die Kartierung dieser schwierigen Gebiete war somit der erste Schritt. Die Kompetenz des Geologen wurde dabei vor beträchtliche Anforderungen gestellt: Zerstückelte Gesteinspakete, durch tektonische Verschiebungen nicht selten in weit voneinander entfernt liegende Vorkommen zerrissen, galt es in ihrem ursprünglichen Zusammenhang und ihrer raumzeitliche Entwicklung zu rekonstruieren. Verstelltes, verfaltetes, geschiefertes oder gar zerschertes Gestein war das Material, aus dem die Kräfte der Gebirgsbildung, ihre Geometrie und die Beträge an Krusteneinengung kalkuliert werden sollten.

Aus gesammelten Beobachtungen dieser Art hoffte man, auch erklärende Konzepte über die „Gebirgsbildung" entwickeln zu können. Ausgangspunkt dieser Erklärungen waren aber weitgehend nur diese erdgeschichtlichen Zeugnisse, denn niemand sah in der Gegenwart irgendwo ein Gebirge in Entstehung begriffen. Wenn die Ursachen und der Mechanismus dieses Vorganges nicht einmal in Ausschnitten in Echtzeit zu beobachten waren, dann blieb nur die Möglichkeit, die Entstehung der Gebirge allein aus den Zeugnissen der Erdgeschichte herausfinden. So führte die Beschäftigung mit der Tektonik zu einer starken Rückwendung in die Erdgeschichte, während die Gegenwart als relevanter Beobachtungszeitraum in den Hintergrund rückte.

Ein Schlüsselwerk, das die Fokussierung der Geologie auf die Tektonik erheblich beförderte, war das monumentale „Antlitz der Erde“ von Eduard Suess, erschienen in 4 Bänden in den Jahren 1883–1909.[154] Diese globale Gesamtschau der geologischen Forschungen zum Bau der Erde fasste die Arbeiten vieler Geologen aus den vorangegangenen Jahrzehnten zusammen. In dieser Synthese wurde ein Bild von der Erde geschaffen, das als Ausgangspunkt für die folgende Generation zu wirken vermochte. Englisch- und französischsprachige Übersetzungen sorgten dafür, dass das „Antlitz der Erde“ auch weit über den deutschsprachigen Raum hinaus Beachtung fand.

Als physikalische Grundlage hinter der tektonischen Gestaltung der Erdrinde sah Suess die Kontraktion der Erde. Am Ende des ersten Bandes sind die Sätze zu finden, die sich durch ihre nahezu schlagwortartige Präsentation im Gedächtnis der Leser besonders anhaltend festsetzen konnten:

> Die Spannungen, sagten wir, welche aus der Contraction der äußeren Teile des Erdkörpers hervorgehen, zerlegen sich in tangentiale Faltung und vertikale Senkung.[155]
>
> […]
>
> ***Der Zusammenbruch des Erdballes ist es, dem wir beiwohnen*** [Hervorhebg. GH]. Er hat freilich schon vor sehr langer Zeit begonnen und die Kurzlebigkeit des menschlichen Geschlechtes lässt uns dabei guten Muthes bleiben.[156]
>
> […]
>
> Die Einbrüche sind es, welche die Wässer in tiefen Weltmeeren gesammelt haben; hierdurch erst sind Continente entstanden und sind Wesen möglich geworden, welche durch Lungen athmen.
> [= Schlusssatz]

Die Abkühlung der Erde – die aus dem Zweiten Hauptsatz der Wärmelehre folgende, unvermeidliche physikalische Tendenz – verursacht zugleich die Kontraktion der Erdkruste. Dieser Grundgedanke ist für Suess so unbestreitbar, dass er auf eine nähere Diskussion dieses theoretischen Fundaments völlig verzichtet. Nicht anders haben es seine Leser gesehen: Die Kontraktion der Erdkruste war die Vorstellung, die die meisten Geologen in den folgenden Jahrzehnten als hinreichenden Quelle tektonischer Kräfte akzeptierten.

In der folgenden Geologengeneration wurde die Entkopplung der Erdgeschichte von der Gegenwart weiter geführt. Das Studium der Gegenwartsprozesse ist für die Frage der Gebirgsbildung nicht deshalb so unergiebig, weil diese Deformationsprozesse vielleicht so langsam verlaufen, dass sie sich deshalb der Beobachtung in der Jetztzeit entziehen. Nein: Die Gegenwart ist deshalb nicht relevant, weil sie sich g r u n d s ä t z l i c h von jenen Phasen der Erdgeschichte unterscheidet, in denen die großen Faltengebirge entstanden!

Diese Position findet man bei Hans Stille (1876–1966), der mit den *Grundfragen der vergleichenden Tektonik* (1924) ebenfalls ein konzeptionelles Werk mit nachhaltigem Einfluss verfasst hat und damit das tektonische Denken auch der folgenden Jahrzehnte maßgeblich mitbestimmte.

Den Grundgedanken, dass es auf der Erde Bereiche erhöhter Mobilität gegeben hätte, wurde bereits von Suess aus der nordamerikanischen Geologie übernommen. Diese anfangs „Geosynklinen",[157] später dann „Geosyklinalen" genannten mobilen Bereiche zeichneten sich dadurch aus, dass sie zu Beginn ihrer Wirksamkeit besonders große Mächtigkeiten von Sediment ansammelten, dann aber in einer folgenden zweiten Phase zum Ort der starken, nun im Wesentlichen horizontalen Kompression wurden, aus der schließlich die Faltengebirge hervorgingen.

Stille führte dieses Geosynklinal-Konzept weiter, indem er unterschiedliche Geosynklinal-Typen differenzierte und ihrer Entwicklung nun eine strenge, als „gesetzmäßig" angesehene zeitliche Struktur zuschrieb. Die „orogenen", also kompressiven, gebirgsbildende Phasen, sollten stets nur in kurzen Abschnitten der Erdgeschichte erfolgen, dann aber in langen Gürteln erdweit gleichzeitig.[158] Die dazwischen liegenden, als „epirogen" bezeichnete längeren Abschnitte, ermöglichten hingegen im Wesentlichen nur steife, bruchhafte Verstellungen, sowie langsame Hebungen und Senkungen. Die geologische Gegenwart, daran konnte es für die Tektoniker um Stille keinen Zweifel geben, war keine orogene Zeit.

Stilles Tektonik sah die Erde also ganz entschieden nicht in gleichmäßiger Entwicklung.[159] In den Orogenesen sollte die Erde anders als in der Gegenwart funktionieren. Die Gestaltung der Faltengebirge wäre demnach ein Prozess, der offenbar Bedingungen erfordert, die heute nicht gegeben sind. Wie Stille selbst in seinen *Grundfragen* bekennt, bewegt sich dieses Verständnis von Erdgeschichte in die Nähe von Cuviers „Katastrophentheorie":

> dass in Bezug auf diese [orogenen Geschehnisse der Vorzeit] die alte Katastrophentheorie kommt wieder zu einem gewissen Rechte kommen muss, liegt eben daran, dass wir in einer anorogenen [epirogenen] Zeit leben.[160]

Mit einer Entscheidung, die die Gegenwart für das Verständnis der Gebirgsbildung als irrelevant ansieht, wird zugleich auch das Tor zu dem Bereich geschlossen, aus dem das erdgeschichtliche Modell grundsätzliche Korrekturen erfahren könnte: Neue Daten über die aktuellen geologischen Verhältnisse oder Prozesse können prinzipiell immer auch ein neues Licht auf Hypothesen zur Erklärung erdgeschichtlicher Zeugnisse werfen. Verbleibt man mit seinen Begründungszusammenhängen nur in der Sphäre der erdgeschichtlichen Zeugnisse, dann besteht die Gefahr, einem selbstbezüglichen Argumentationszirkel zum Opfer zu fallen.

Die hier skizzierte Versenkung der tektonischen Forschung in der Erdgeschichte war in Deutschland besonders intensiv. Nicht nur weil Hans Stille, dessen Einfluss gleichwohl auch international beträchtlich war, ein Deutscher war. Natürlich kann und soll diese Entwicklung nicht alleine dem Wirken von Stille und dem engeren Kreis seiner Kollegen und Schüler angelastet werden. Die Abgrenzung von Nachbar-Disziplinen, die stets auch eine Frage der Bildungspolitik und der Ausstattung der Hochschulen ist, hatte in Deutschland einen Weg genommen, bei dem geowissenschaftliche Forschungsbereiche wie Geomorphologie, Physische Geografie, Quartärgeologie mit Eiszeitforschung und Bodenkunde, dem institutionellen Rahmen der Geologie fern blieben bzw. ihn sogar verlassen hatten. Vieles davon wurde stattdessen in der Geographie unter dem Etikett der „Physischen Geographie" ausgeübt. Damit waren jene Forschungen, die gegenwartsnähere Fragestellungen oder Beobachtungsprogramme verfolgten, aus dem zentralen Fokus der Geologie geraten.

Die Haltung der Tektoniker zu den erdgeschichtlich jungen geologischen Sedimenten kann naturgemäß keine euphorische sein, verhindern sie doch den unmittelbaren Blick auf die Strukturen der darunter liegenden Festgesteine. Stilles Spruch vom „Dreck, der die Geologie verhüllt" ist deshalb im Kern durchaus nachvollziehbar. Aber im Beiklang lag genügend Spott, um jedem klar zu machen, wo die nach Meinung des Tektonikers „richtige" Geologie ihre Grenzen hatte. Dieser Satz war keinem Studenten der Geologie unbekannt und wird auch heute noch gelegentlich aus dem Ärmel gezogen, wenn alte Rechnungen beglichen, Kollegen geneckt werden, oder die konzeptionelle Vernachlässigung der Quartärgeologie historisch reflektiert wird.[161]

Als Fazit können wir festhalten, dass eine Reihe von Entwicklungen die Versenkung gerade der deutschen Geologie in der Erdgeschichte in besonderer Weise förderte. Die Erforschung der globalen Tektonik war in der ersten Hälfte des 20. Jahrhunderts tief in die Erdgeschichte eingedrungen, und zwar so tief, dass die erdgeschichtliche Gegenwart nur noch eine nachgeordnete Rolle einnahm.

Die wissenschaftliche Revolution der „Plattentektonik“

Bedenkt man die im vorhergehenden Abschnitt skizzierte Konzentration der Tektonik auf die geologische Vergangenheit, dann fällt es schwer sich vorzustellen, wie die Geologen daraus zu einer völlig neuen Sicht auf die Erde kommen konnten. Zu einer Sicht, in der die Erde auch in der Gegenwart ein dynamischer Planet ist, dessen Inneres wie Äußeres sich in ständiger Bewegung befinden.

Diese Entwicklung kam daher auch nicht aus dem Studium der alten, festländischen Gebirgsgürtel, sondern aus Beobachtungen, die man im Wesentlichen im Bereich der Ozeane gemacht hatte. Die Wissenschaftler, die diesen neuen Abschnitt gestalteten, waren weniger Tektoniker und Geologen, sondern vor allem Ozeanographen und Geophysiker, die mit Seismographen, Echoloten und Magnetometern die Erdkruste unter den Meeren erkundeten. Die Tektonik der vorangehenden Epoche hatte nämlich nicht nur die geologische Gegenwart vernachlässigt, sondern auch den Bereich der Ozeane, der mehr als zwei Drittel der Erdoberfläche einnimmt.

Die Verknüpfung einzelner Elemente zur „Neuen Globalen Tektonik“, oder der „Plattentektonik“, wie sie später einfach genannt wurde, erfolgte in erstaunlich kurzer Zeit und wurde schon bald als eine Revolution in der Geologie angesehen. Dieser Abschnitt der jungen Wissenschaftsgeschichte ist in zahlreichen Werken ausführlich dokumentiert und wird hier nur kurz skizziert.[162]

Die Böden der Ozeane können kein hohes erdgeschichtliches Alter haben, weil man, wenn man sich einmal vom Kontinentalschelf entfernt hatte, keine mächtigen Sedimente mehr antrifft. Die Fossilien in den gewonnener Proben bestätigen das relativ junge Alter dieser Ablagerungen. Je länger man nach alten Sedimenten in den Ozeanen suchte und keine fand, umso dringlicher stellte sich die Frage, wo diese sein mögen. Weiter war deutlich geworden, dass nicht nur der Atlantik, sondern auch die anderen Ozeane, langgestreckte Rücken aufwiesen. Im Falle des Atlantiks teilt der Mittelatlantische Rücken den Meeresraum in zwei relativ gleiche Hälften. Diese Sachverhalte waren zu Beginn der 50er Jahre bereits gut dokumentiert.

Weitere Schritte zum neuen Konzept kamen aus der Geophysik, genauer die Paläomagnetik. Die wiederholte Umkehr des Erdmagnetfeldes wurde 1955/56 von Keith Runcorn festgestellt. Im Jahr 1963 bemerkten Vine & Matthews, dass die Magnetisierung der Ozeankruste in parallelen Streifen zum Mittelatlantischen Rücken verläuft: unmittelbar im Bereich der Rücken mit der gegenwärtigen Magnetisierung, in weiterer Entfernung symmetrisch mit reverser und dann wieder im Sinne der heutigen Ausrichtung. Vine & Matthews (1963) formulierten aufgrund dieser Beobachtungen die Hypothese, dass an den mittelozeanischen Rücken laufend neue ozeanische Kruste entsteht und diese sich, mit der gerade herrschenden Magnetisierung, nach beiden Seiten auseinander bewege.[163]

Die Bestimmung der Zonen, an denen die ständig neu gebildete ozeanische Kruste – notwendig – wieder abtauchen musste, war wiederum mit Hilfe der Seismik zu finden. Das schräg in die Tiefe weisende Erdbeben-Muster an den Rändern des Pazifiks – die schon länger bekannten Wadati-Benioff-Zonen – musste die Bereiche markieren, an denen die Subduktion der ozeanischen Platten erfolgte. Das globale Muster der tektonischen Platten konnte dann bald ebenfalls nach seismischen Kriterien bestimmt werden, da Erdbeben an den Plattenrändern deutlich häufiger als innerhalb der der Platten auftreten.

Bemerkenswert ist, dass sich zu jener Zeit nicht nur die Geologie selbst, sondern auch die Sicht auf Wissenschaft insgesamt, radikal verändert hat. Die meisten Wissenschaftshistoriker waren bis zu dieser Zeit der Meinung, dass bestimmte Themen, Theorien oder Konzepte sich Schritt für Schritt aus älteren heraus entwickelten. Durch alle diese Entwicklungsschritte sollte sich – vom Anfang bis zum Ende – eine Art roter Faden ziehen, dem entlang das Wissen im Laufe der Zeit angewachsen ist.

Die „Die Struktur wissenschaftlicher Revolutionen“, veröffentlicht von Thomas Kuhn (1962, erweiterte Version 1969), zerstörte diese Ansicht grundlegend.[164] Kuhn vermochte mit plausiblen Belegen aus der Wissenschaftsgeschichte zu zeigen, dass sich neue Vorstellungswelten weniger aus den älteren, vorgehenden Forschungstraditionen heraus entwickelt hatten. Neue Konzepte oder Theorien kamen vielmehr aus eher am Rande oder gar außerhalb dieser Traditionen gelegenen Quellen. Kuhn verwendet für diese Vorstellungswelten nicht den Begriff „Theorie“, sondern *Paradigma*. Das Paradigma – ein treffender deutscher Begriff wäre vielleicht „Denkstil“ oder „Denkmuster“– konnte in relativ kurzer Zeit, wie in einer Art „Bekehrung“, gewechselt werden. Eine solche bekehrungsartige Hinwendung zu einem neuen Paradigma ist vor allem dann erfolgt, wenn es versprach, die

Ungereimtheiten des alten Paradigmas zu lösen. Ein solcher *Paradigmenwechsel* ist also das, was nach den historischen Studien Kuhns in der Regel das Muster einer *wissenschaftlichen Revolution* kennzeichnet.

Kein Wunder, dass die „Revolution“ in der Geologie von vielen als aktuelles Beispiel für einen solchen Paradigmenwechsel angesehen wurde. Die alten Konzepte von Geosynklinalen, dem Wechsel von anorogenen und orogenen Phasen, all das glaubte man nun einfach abschütteln zu können. Wissenschaftshistoriker haben die Entwicklung der Plattentektonik nach dem Muster Kuhns beschrieben, und die Geologen haben dies gerne übernommen.[165]

Diese Revolution veränderte nicht nur die geologische Sicht auf die Erde, sondern auch die Struktur der Geologie selbst. Wenn die Dynamik der Erde Beziehungen und Stoffkreisläufe schafft, in denen die unterschiedlichsten Sphären der Erde miteinander in Beziehung stehen, dann kann die Geologie nicht in Isolation bei ihrem traditionellen Arbeitsfeld bleiben. Die Zusammenfassung der an den verschiedenen Sphären der Erde arbeitenden Wissenschaften unter dem Begriff *Geowissenschaften* ist Folge dieser Entwicklung.

Mit der neuen „Neuen Globalen Tektonik“ war die Erde wieder zum Leben erwacht – und sie erschien nun lebendiger als je zuvor. Die Abkühlung der Erde, ohne Frage ein unvermeidlicher Prozess, geriet nun wieder in den Hintergrund. Schließlich war es auch nicht die vormals angenommene Kontraktion der Kruste, die diese neue entdeckte Dynamik der Erde bestimmte. Die Erde ist aus dieser Sicht kein statisch abkühlender Körper, sondern eher wieder die Maschine, wie James Hutton sie im 18. Jahrhundert dauernd in Bewegung sah. Diese Maschine hat im Lauf der Erdgeschichte sogar noch an Komplexität gewonnen, indem, etwa durch die Entwicklung des Lebens, neue Stoffkreisläufe zwischen organischen und anorganischen Bereichen entstanden.

Diese neue Sicht auf die Erde hat das Verhältnis von Gegenwart und Erdgeschichte neu eingestellt: Die Gegenwart wird jetzt wieder als Teil der Erdgeschichte gesehen, mit der sie eine in Raum und Zeit zusammenhängende Wirkungssphäre bildet.

Offenkundig haben die Geologen wieder Freude an einer aktiven Erde: Erdgeschichte geschieht immer und damit auch gerade jetzt. Aber was mag daraus für die Zukunft folgen?

Die Katastrophe als statistisches Ereignis

Katastrophe oder *Katastrophismus* – in Berichten über die Erdgeschichte trifft der Leser nahezu unvermeidlich auf diese Begriffe. Wir konnten sehen, dass es in der Geschichte der Geologie im Grunde zwei unterschiedliche Arten von Katastrophen gibt:

> (1) Erklärbare Katastrophen in Form besonders intensiver, oder sehr seltener Effekte, die aber aus den gegenwärtig wirkenden Ursachen heraus verständlich sind.
>
> (2) Katastrophen, die angenommen werden, weil bestimmte erdgeschichtliche Zeugnisse aus den gegenwärtig wirkenden Ursachen heraus nicht verständlich sind. Diese Form von Katastrophe beinhaltet die Annahme, dass in der Erdgeschichte andere Prozesse wirksam waren, als sie heute nachgewiesen werden können. Man könnte diese Form der Katastrophe auch die „methodologische Katastrophe" nennen. Cuviers „Katastrophen", zu denen hin der „Faden der Tätigkeiten" zerrissen schienen, gehörten zu diesem Typus, ebenso die Gebirgsbildungen, wie sie sich Hans Stille vorgestellt hat.

Die zweiten, letztgenannten Formen der Katastrophe haben sich im Verlauf der Forschungen durchweg als nicht haltbar erwiesen. Am Ende wurden doch immer Erklärungen gefunden, die aus den auch gegenwärtig nachweisbaren Prozessen heraus verständlich waren.

Hier geht es um die erste Form der Katastrophe, also die große aber uns verständliche Wirkung, die mit Opfern und Zerstörungen verbunden ist. Die Bezeichnung „Katastrophe" trifft besonders gut, wenn man ein Ereignis aus der Sicht eines Betroffenen zu fassen versucht. Dies kann ein im Schlamm begrabenes Fossil sein, oder die ganze Linie der Saurier, die Umwelt insgesamt oder nur eine bestimmte Ökologie, die unter bestimmten Umständen schweren, möglicherweise unwiederbringlichen Schaden genommen hat.

Aber selbst wenn man die Katastrophe nur als eine Erscheinung versteht, die durch große Wirkung in kurzer Zeit charakterisiert werden kann, bleibt die Frage, ab wann für wen etwas eine solche große Wirkung ist. Viele Ereignisse wurden und werden auch nur deshalb als Katastrophen bezeichnet, weil die erdgeschichtlichen Zeugnisse eine abrupte Wirkung nahelegen, selbst wenn dies möglicherweise dennoch die Folge normaler, ständig wirkender Prozesse gewesen sein mag. Unschärfen dieser Art können aber im

Laufe der Erdgeschichtsforschung ausgeräumt werden, wenn die zeitliche Auflösung der Daten genauer wird. Dann ist es möglich, *qualitative* Unterscheidungen in kurz und heftig oder langsam und kontinuierlich durch *quantifizierte* Beschreibungen zu ersetzen.

Eine der wirklichen Fortschritte der Erdgeschichtsforschung ist die zunehmend verbesserte zeitliche Auflösung. Diese wird in vielen Fällen dadurch erreicht, dass auf den ersten Blick einheitlich erscheinende Sedimente oder auch Fossilreste anhand zeitlicher Variationen in den Isotopenverhältnissen weiter untergliedert werden können. Zugleich werden weitere Datierungsverfahren parallel eingesetzt, wodurch ein immer engeres und zuverlässigeres zeitliches Raster geschaffen wird.

Diese verbesserte Auflösung erhellt in vielen Fällen die Dunkelheit, die früher hinsichtlich des Zeitmaßes bei Wirkung und Häufigkeit katastrophaler Ereignisse bestand. Heute ist es vielfach möglich, die Katastrophe von ihrer anthropozentrischen Perspektive zu lösen und solche Ereignisse präziser zu quantifizieren. Dabei sind folgende Aspekte von Bedeutung:

(1) Wiederkehr/Frequenz – wie oft tritt das Ereignis in einem bestimmten Zeitraum auf? Um die Verständlichkeit zu unterstützen, kann man einen Maßstab wählen, der möglichst anschaulich ist und weitere Kalkulationen erspart.

(2) Die Wiederkehr bestimmter Ereignisse oder Entwicklungen kann sich mit unterschiedlicher Regularität bzw. Präzision wiederholen. Es gibt Ereignisse und Prozesse, deren Auftreten offenbar sehr präzise bestimmt werden kann. Das trifft etwa für den Wechsel der Warm- und Kaltzeiten der letzten Jahrhunderttausende zu, die ihre Wiederkehr ganz wesentlich astronomischen Zyklen verdanken.

Diese hohe Regularität würde der Prognose einer in nicht so ferner Zukunft kommenden Kaltzeit eine sehr hohe Wahrscheinlichkeit geben – wenn sich durch den anthropogenen CO_2-Ausstoß nicht möglicherweise wesentliche Bedingungen geändert hätten. Ein weiterer wichtiger Aspekt ist daher:

(3) Die Sensitivität eines Systems. Wie stabil ist diese Wiederkehr? Muss man damit rechnen, dass schon geringe Veränderungen der Bedingungen dazu führen können, dass die Zuverlässigkeit der Wiederkehr, oder gar die Wiederkehr an sich, in Frage gestellt werden kann? Tendenziell sollten sich Ereignisse, die sich in der Erdgeschichte mit hoher Präzision wiederholen, Ausdruck eines Wirkungssystems mit geringerer Sensitivität sein als solche, die sich unregelmäßiger wiederholen.

Solche Überlegungen bleiben allerdings sehr hypothetisch, solange man die Wirkungsweise eines Systems nicht wirklich kennt bzw. hinreichend zuverlässig modellieren kann.

Überlegungen in dieser statistischen oder systemtheoretischen Weise müssen nicht dazu führen, dass der so wunderschön schillernde Begriff der Katastrophe aus der Erdgeschichte verschwindet – schon im folgernden Abschnitt werden wir ausgiebig davon Gebrauch machen. Doch sollte man vielleicht immer bedenken, dass man auch genauer und nüchterner von Ereignissen der Erdgeschichte sprechen kann.

Die Wiederkehr der „Katastrophe"

Die Wiederkehr der erdgeschichtlichen Katastrophe hat ein eindeutiges Datum: das Jahr 1980. Es wird wenige Geologen und Wissenschaftshistoriker geben, die die Veröffentlichung von Alvarez und Kollegen zur „außerirdischen Ursache für das Aussterben an der Kreide-Tertiär-Grenze" nicht als einen Markstein in der Geschichte der Geowissenschaften ansehen.[166] Der Einschlag eines großen Himmelskörpers auf die Erde ist an Plötzlichkeit, Gewalt und Wirkung auch kaum zu übertreffen.

In der Zeit vor dem Jahr 1980 hatte die Bereitschaft zugenommen, Meteoriteneinschläge als statistisch „normalen" Prozess der Erdgeschichte anzusehen. Die Umdeutung der als vulkanische Struktur gedeuteten, rundlichen Form des Nördlinger Ries zu einem Einschlagskrater wurde 1961 auf den Weg gebracht – nach anfangs erheblichen Widerständen hat sich diese Ansicht aus guten Gründen dann nach einigen Jahren auch in Deutschland durchgesetzt.[167]

An der Arbeit von Alvarez et al. (1980) war unter anderem neu, dass sie nicht von einer morphologisch bekannten Struktur ausging, sondern einen solchen Einschlag aufgrund einer in Sedimenten erdweit angetroffenen geochemischen Anomalie forderte. Diese Anomalie diente zugleich als eine hinreichend verlässliche Grundlage, die Größe des Einschlagskörpers zu kalkulieren. Die im Titel des Beitrages thematisierte Erklärung für das große Aussterben an der Kreide/Tertiärgrenze setzte dem ganzen die Krone auf: Eines der bis dahin besonders rätselhaften Ereignisse in der Geschichte des Lebens schien damit eine einfache und empirisch plausible Begründung gefunden zu haben.

Die Publikation löste – wie hätte es auch anders sein können – heftige, teilweise bis heute nachwirkende Kontroversen aus. So ist es am Ende nicht damit getan, das Aussterben vieler Tiergruppen am Ende der Kreidezeit mit einem solchen Einschlag zu erklären. Schließlich ist der Himmelskörper den ausgestorbenen Tiergruppen – bis auf denen im Aufschlagsbereich – nicht direkt auf den Kopf gefallen. Da der Impact als Ursache nur mittelbar wirksam gewesen sein kann, bedarf es Modelle, die die von einem solchen Ereignis ausgehenden Wirkungen auf die Umwelt erfassen und daraus wiederum das Aussterben von Organismengruppen erklären können.

Der Teil der Kontroversen, der die Relevanz der geochemischen Argumente in Zweifel zog, kam jedoch gute zehn Jahre später zum Erliegen. Im Jahr 1991 wurde die Impact-Struktur tatsächlich entdeckt und nach ihrer Datierung konnte sie als Zeugnis des Einschlags am Ende der Kreidezeit akzeptiert werden.[168]

Dass ein Impact dieser Größenordnung – kalkuliert wird ein Einschlagkörper mit einem Durchmesser von 10–15 km – ein globales Aussterben verursachen kann, wird nur von wenigen Geologen bezweifelt. Im Hinblick auf die Evolution des Lebens wurde deutlich, dass es offenbar verschiedene Formen des Aussterbens gibt: Unabhängig von dem „Erfolg“, den eine Entwicklungslinie auch über längere erdgeschichtliche Zeiträume haben kann, kann ein einziges Ereignis in der Lage sein, sie auszulöschen. Die Botschaft des Aussterbens am Ende der Kreidezeit ist, dass es genau so gut auch die heutigen, evolutionär erschreckend erfolgreichen „Herrscher“ der Welt hätte treffen können – oder in einem erneuten Fall noch treffen könnte.

Kann sich ein solches Ereignis wiederholen, und wenn ja, wann? Die Frequenz von Einschlägen kann umso präziser bestimmt werden, je kleiner – und damit auch häufiger – sie sind.[169] Umgekehrt ist es schwer, eine statistisch zuverlässige Rate für Impacts in der Größenordnung zu geben, wie er am Ende der Kreide stattfand. Auch wenn in den Statistiken für Einschläge dieser Größenordnung Zeiträume von 100 Millionen Jahren genannt werden, ist das ein Wert, der nur eine sehr unzuverlässige Periodizität erwarten lässt.

Kein Zweifel kann allerdings daran bestehen, dass die Erdgeschichte – und auch der Blick auf die Oberfläche unseres Mondes – unmissverständlich zeigen, dass Einschläge auch großer Körper mit einer über lange Zeit kalkulierbaren Rate stattgefunden haben, und dass diese eine ernst zu nehmende Bedrohung für das Leben auf der Erde sein können. Die astronomische Kartierung der Near Earth Objects (NEO) mit Durchmessern >1 km durch die NASA ist eine Konsequenz aus dieser erdgeschichtlichen Perspektive. Auf dieser Grundlage ist es möglich, relativ zuverlässige Prognosen über etwaige Einschläge zu errechnen – und da sieht es zumindest für die nächsten Jahrzehnte nicht besonders bedrohlich aus.[170]

Eine globale Bedrohung könnte allerdings auch schon von kleineren Einschlagskörpern mit Durchmessern von 1–2 km ausgehen, wobei hier eine relativ hohe statistische Wiederkehr von ca. 100000 Jahren kalkuliert wird. Nicht weniger beunruhigend ist, dass die Wiederkehr vulkanischer Supereruptionen als doppelt so häufig, also im Durchschnitt jede 50000 Jahre, angenommen wird.[171]

Das Fazit dieser kurzen Betrachtung zu möglichen Katastrophen kann nur lauten: Die Erde ist kein sicherer Ort, zumindest nicht für uns Menschen. Die Frage ist, ob und wie wir uns auf die sicher früher oder später kommenden Ereignisse einstellen können. Doch es wäre ein Irrtum zu denken, alleine Vulkanausbrüche oder Meteoriteneinschläge würden eine Bedrohung darstellen. Vielleicht liegen die größeren Gefahren ja in Prozessen, deren zuverlässige Beurteilung sich unserer gegenwärtigen Perspektive entzieht…

Eiszeit, Klimawandel und die Präzisierung der geologischen Zeitskala

Die Entdeckung der Eiszeit ist ein Kapitel der Geologiegeschichte des 19. Jahrhunderts.[172] Die Eiszeit wurde bald als erdgeschichtliche Tatsache akzeptiert, auch wenn man ihre Ursachen nicht gut verstehen konnte. Deutlich wurde allerdings schon bald, dass die Temperatur an der Erdoberfläche nicht vom Innern der Erde her, sondern von der Atmosphäre bestimmt wird. Sieht man von Geothermalgebieten ab, in denen Erdwärme in Form von heißen Gasen und Wasser direkt an die Oberfläche gelangt, muss man normalerweise mehrere zehner oder gar hunderte Meter in die Tiefe gehen, um die Grenze zwischen dem extern und intern bestimmten Wärmeregime zu erreichen.

Die Akzeptanz der Milanković-Zyklen als Rhythmusgeber der Vereisungen erfolgt erst, als die regelmäßige Wiederkehr vieler Kaltzeiten bis weit zurück in die Erdgeschichte des Quartärs auch anhand von erdgeschichtlichen Zeugnissen nachgewiesen werden konnte.

Dieser Nachweis erfolgte mit Methoden der Isotopenchemie, wie sie erst in jüngerer Zeit hinreichend zuverlässig möglich wurden. In den 70er Jahren haben Wissenschaftler begonnen, aus Isotopenverhältnissen in Sedimentproben der Ozeanböden Klimageschichte zu rekonstruieren. Genauer waren es die Verhältnisse von Isotopen des Sauerstoffs, gemessen in den aus Calciumcarbonat ($CaCO_3$) aufgebauten Schalen kleinen Planktons, der Foraminiferen.

Die Schwankungen der Isotopenverhältnisse konnten als Ausdruck klimatisch bedingter, physikalischer Selektionsmechanismen beim Wachstum der Foraminiferen-Schalen verstanden werden. Daraus ließ sich schließlich sehr präzise der Klimagang des Quartärs mit einer sehr regelmäßigen Wiederkehr der Kaltzeiten rekonstruieren. Die Isotopenverhältnisse sind inzwischen die Leitgliederung des Quartärs, das auf dieser Grundlage in 103 marine Isotopenstufen (MIS, **m**arine **i**sotope **s**tages) unterteilt werden kann.

Bei einer Zeitdauer des Quartärs von ca. 2,6 Millionen Jahre entspricht das einer Auflösung von 20000 Jahren pro Isotopenstufe, wobei aber die Präzision so weit fortgeschritten ist, dass vor allem jüngere Stufen vielfach noch in weitere Abschnitte unterteilt werden können. Im Zusammenspiel mit anderen Datierungsmethoden, wie der Dendrochronologie, radiometrischen Altersbestimmungen, Warvenzählung in Seen u. a., ist vor allem das jüngere Quartär bis hinunter in die 100er- oder gar 10er-Jahres-Dimension aufgelöst.[173]

Diese nur sehr kurze Skizze zur Entwicklung der Gliederung des Quartärs zeigt, dass in der Strukturierung der erdgeschichtlichen Zeit heute eine noch vor 30 Jahren kaum für denkbar gehaltene Präzision möglich geworden ist. Die älteren Perioden der Erdgeschichte lassen sich natürlich nicht in dieser Genauigkeit gliedern, doch auch hier hat sich die Situation stark verbessert.

Dieser Gewinn an Präzision hat zur Folge, dass die Geschwindigkeit und Struktur von Veränderungen in deutlicherer Weise wahrgenommen werden kann. Viele dieser Veränderungen, insbesondere der Gang des Klimas, kann in der jüngeren Erdgeschichte mit der Genauigkeit der menschlich-lebenszeitlichen Dimension, also in der Größenordnung bis in hunderte oder gar nur zehner Jahre, rekonstruiert werden. Das Zeugnis ist klar und deutlich: Es gibt weder im Quartär noch innerhalb seiner Warm- oder Kaltzeiten länger anhaltende statische Klimaverhältnisse. Weiter kann das Tempo der Klimaveränderungen so sein, dass es innerhalb nur einer Generation schon zu gravierenden Veränderungen kommen kann – Veränderungen, die die Bedingungen der Landwirtschaft und der Nahrungsmittelproduktion bedeutend verbessern, aber auch verschlechtern oder einfach nur auf der Erdoberfläche verschieben können.[174]

Einer „erfolgreichen" Spezies wie dem Menschen haben die letzten 10000 Jahre seit dem Ende der letzten Kaltzeit genügt, um sich weit und mit rasch zunehmender Dichte über weite Bereiche der Erde auszudehnen. Die günstigen Klimabedingungen, mit in diesem Zeitraum nur relativ begrenzter Schwankungsbreite, haben nur zu wenigen und vor allem nicht endgültigen Rückschlägen geführt.

Die Zunahme der Bevölkerung hat sich in den letzten Jahrhunderten immer mehr beschleunigt und die Anzahl der Menschen hat sich allein innerhalb weniger Jahrzehnte (1960–2011) von ca. 3 auf über 7 Milliarden erhöht. So sind wir, ohne es rechtzeitig zu bemerken und dann widerwillig, selbst zu einer erdgeschichtlich relevanten Größe geworden.

Anthropozän und die Wiederkehr der Erdgeschichte

Die Wirkung des Menschen auf die Umwelt hat ein geologisch relevantes Ausmaß erreicht – daran kann kein Zweifel bestehen. Zur Diskussion steht lediglich, wann diese Wirkung eingesetzt hat – einen Begriff dafür gibt es jedoch schon: *Anthropozän.*[175] Der Beginn dieses neu definierten Zeitalters wird möglicherweise gar nicht auf einen konkreten Anfangspunkt gebracht werden können, denn als Teilnehmer an den globalen Kreisläufen hat der Mensch – wie jede andere Spezies – von Beginn an nicht nur eine passive Rolle gespielt. Mit der Entdeckung des Feuers, mit der Aufgabe des nomadischen Lebensstil und dem Beginn systematischer Landwirtschaft, mit dem Abbau von Kohle und der Gewinnung von Erdöl und Erdgas, mit dem CO_2-Ausstoß durch Verbrennung dieser fossilen Reservoirs, mit der Produktion von Nukliden durch Kernspaltung, und letztlich mit dem ungebremsten Wachstum der Bevölkerung ist die Spezies in die Situation geraten, ungewollt *Geo-Engineering*[176] zu betreiben – und das nicht nur in Hinsicht auf das Klima.[177]

Für die geologische Praxis ist die Einführung einer *Anthropozän* genannten Periode weitgehend unerheblich. Die Erdgeschichte – und gerade die jüngere, die die Zeit der Hominiden oder gar nur des *Homo sapiens* der jetzigen Nacheiszeit umfasst – bedarf eigentlich keiner zusätzlichen Gliederungshilfen. Doch geht es jenen, die diesen Begriff gebrauchen und unterstützen, vor allem um die symbolische Bedeutung: Die Aufmerksamkeit soll damit auf diese neue menschheits- und zugleich auch neue erdgeschichtliche Situation gelenkt werden.

Unter dem Begriff *Geo-Engineering* werden gegenwärtig gezielte Eingriffe zur Steuerung der Umwelt, insbesondere auch des Klimas verstanden. Diese Gedankenspiele, teilweise auch schon kleinräumig unternommene Versuche, werden kontrovers beurteilt. Die Diskussion um diese Form von gezielten Eingriffen verdeckt den Umstand, dass die Menschheit in der gegenwärtigen Situation schon ständig *Geo-Engineering* betreibt, sei es unbewusst oder mit Vorsatz. Die Menschheit kann sich dem *Geo-Engineering* also gar nicht entziehen, zumindest nicht unter den gegenwärtigen Umständen: Milliarden an Menschen können nicht existieren, ohne die Geosphäre zu verändern.

Der Blick in die Tiefe der Zeit hat sich vom schrecklich-schönen Schauder seiner ersten Zeit gelöst. Auch wenn solche Anklänge niemals völlig vergehen und ein bedeutendes Element für die Faszination an der Erdgeschichte bleiben werden, hat sich ihre Dimension von einer dunklen, in vieler Hinsicht unbestimmten Sphäre in einen gut strukturierten, wenngleich noch lange nicht völlig erhellten Raum gewandelt.

Nachdem die frühe Geologie auch Fragen zur Zukunft der Erde und des Menschen gestellt hat, war diese Blickrichtung lange außer Gebrauch gekommen. Kein Zweifel kann daran bestehen, dass der Mensch heute selbst ein geologischer Faktor ist. Dieser Sachverhalt ist nicht mehr rückgängig zu machen. Daher wird der Blick in die Tiefe der Zeit nun immer auch in die Zukunft gerichtet sein.

Bildnachweis

Alle Fotos vom Autor.

Abb. 1 oben: Baier, Johann Jacob: *Oryctographia norica, sive rerum fossilium et ad minerale regnum pertinentium in territorio Norimbergense eiusque vicinia observatamm succincta descriptio. Cum iconibus lapidum figuratorem fere ducentis.* Nürnberg 1708. Deutsche Übersetzung in den Erlanger geologischen Abhandlungen 29 (1958).

Abb. 2 unten: Albrecht, Joh. Seb.: De ornatissimo, figuris hieroglyphicis quasi, Belemnite Fechheimensi prope Coburgum. – Acta Physico-Medica 72–74, l Tafel, 1737.

Abb. 3: Johann Bartholomäus Adam Beringer (1726): Lithographiae Wircburgensis, ducentis lapidum figuratorium, a poteriori insectiformium, prodigosis imaginibus exornatae. Vorrede + 96 S. + 21 Tafeln, Würzburg (Philipp Wilhem Fuggart). – Faksimile-Reprint: Beringeria-Sonderheft 5, Teil 1. Würzburg 2005.

Abb. 4: Rene Descartes: Principia philosophiae. Amsterdam 1644. Deutsch: Prinzipien der Philosophie, Meiner-Verlag 2005.

Abb. 5: Nicolaus Stenonis: De solido intra solidum naturaliter contento dissertationis prodromus. Florenz 1669.

Abb. 6 und 7: Füchsel, Georg Christian (1761): *Historia terrae et maris, ex historia Turingiae, per montium descriptionem. Actorum Academiae electoralis Moguntinae scientarium utilium quae* Erfordiae est. 2: 46–208.

Abb. 8: Desmarest, Nicolas (1774): Mémoire sur l'origine et la nature du basalte à grandes colonnes polygones, déterminées par l'histoire naturelle de cette pierre, observée en Auvergne. Histoire de l'Académie Royale des Sciences 1771: 705–775; pl. 15 (Karte).

Abb. 9 und 10: Scrope, George Poulett (1827): *Memoir on the geology of Central France; including the volcanic formations of Auvergne, the Velay, and the Viverais.* London.

Tafel 19: Lyell, Charles & Roderick Murchinson (1829): *On the excavation of valleys, as illustrated by the volcanic rocks of Central France.* Edinburgh New Philosophical Journal 7: 15–48; 3 plates.

Anmerkungen

1 Das vorliegende Werk gründet auf langjährige wissenschaftsgeschichtliche Forschung und damit auch auf den Arbeiten vieler anderer, die sich mit den hier behandelten Fragestellungen befasst haben. Es ist hier nicht möglich, alle relevanten Beiträge zu dokumentieren. Wir bitten um Verständnis dafür, dass Quellen hier nur selektiv angegeben werden, so wie auch die Darstellung selbst versucht, sich nur auf einige, für die „Entdeckung der Zeit“ besonders aussagekräftige Figuren und Beiträge zu konzentrieren.

2 Foucault, Michel (1966/dt. 1974): Les mots et les choses/Die Ordnung der Dinge.

3 Lepenies, Wolf (1978): Das Ende der Naturgeschichte; Toulmin, Stephen & June Goodfield (1985): Entdeckung der Zeit.

4 Albritton, Claude C. (1980): The abyss of time; Rossi, Paolo (1984): The dark abyss of time: The history of the earth and the history of nations from Hooke to Vico; Rudwick, Martin J.S. (2005): Bursting the limits of time: The reconstruction of geohistory in the age of revolution; Rudwick, Martin J.S. (2008): Worlds before Adam: The reconstruction of geohistory in the age of reform.

5 *We felt ourselves necessarily carried back to the time when the schistus on which we stood was yet at the bottom of the sea, and when the sandstone before us was only beginning to be deposited, in the shape of sand or mud, from the waters of a superincumbent ocean. An epoch still more remote presented itself, when even the most ancient of this rocks, instead of standing upright in vertical beds, lay in horizontal planes at the bottom of the sea, and was not yet disturbed by the immeasurable force which has burst asunder the solid pavement of the globe. Revolutions still more remote appeared in the distance of this extraordinary perspective. The mind seemed to grow giddy by looking so far into the abyss of time.* Playfair, John (1805): Biographical Account of the late Dr. James Hutton, S. 72f.

6 Die in Leiden abgelegte medizinische Dissertation handelte vom Blutkreislauf: Hutton, James (1749): Dissertatio physico-medica inauguralis et circulatione microcosmi. Weiter finden wir in seinem Werk unter anderen eine „Theorie des Regens“ (1788), eine „Abhandlung über geschriebene Sprache als ein Zeichen der Rede“ (1790), „Eine Untersuchung der Grundsätze des Wissens, und dem Fortschritt des Verstandes, von der Wahrnehmung bis zur Wissenschaft und Philosophie“ (1794) sowie „Elemente des Ackerbaus“ (unpubl. Manuskript 1797).

7 Hutton, James (1785): Abstract of a dissertation read in the Royal Society of Edinburgh, upon the seventh of march, and fourth of april, M,DCC,LXXXV, concerning the system of the earth, its duration and stabilty. Edinburgh.

8 Playfair, John (1805): Biographical Account of the late Dr. James Hutton, S. 67; Playfair verwendet hier statt *experimentum crucis* den älteren, auf Francis Bacon zurückgehenden Begriff *instantia crucis.*

9 Wilde, Simon A. (2011): Evidence from detrital zircons for the existence of continental crust and oceans on the Earth 4.4. Gyr ago. Nature 409: 175–178.

10 *The result, therefore, of our present inquiry is, that we find no vestige of a beginning – no prospect of an end.* Dieser Satz beschließt bereits Huttons *Theory* (1788), erscheint dann nochmal in der Theory of the Earth (1795), Bd. 1, Ende des ersten Kapitels.

11 Seifert, Arno (1976): Cognitia Historica. Die Geschichte als Namensgeberin der frühneuzeitlichen Empirie. (Historische Forschungen, 11) Berlin.
12 Umfassend dazu: Blumenberg, Hans (1983): Die Lesbarkeit der Welt. Frankfurt/Main (Suhrkamp).
13 Die Institutionalisierung der Wissenschaften über gesonderte Einrichtungen, Forschungsprogramme oder ihre Aufnahme an den Universitäten ist ein zentrales Element in dem Prozess, der vom universalen Gelehrten zum spezialisierten Wissenschaftler geführt hat.
14 *Therefore to the same natural effects we must, as far as possible, assign the same causes (As to respiration in a man and a beast; the descent of stones in Europe and in America; the light of our culinary fire and the sun; the reflection of light in the earth, and in the planets)* [So müssen wir die gleichen natürlichen Wirkungen, soweit es möglich ist, den gleichen Ursachen zuschreiben (Wie die Atmung bei einem Menschen und einem Tier; die Herkunft von Steinen in Europa wie in Amerika; das Licht unseres Küchenfeuers und der Sonne; die Reflexion des Lichtes auf der Erde wie den Planeten)]. Zit. nach der engl. Fassung der *Principia* von Andrew Motte, 1729.
15 Das Werk wurde zuerst 1681 in Latein veröffentlicht: *Telluris Theoria Sacra*, die erste englischsprachige Ausgabe kam 1684 heraus. Das Werk besteht aus vier Büchern, wobei die beiden letzten Bücher (*Concerning the Burning of the World, and Concerning the New Heavens*) erstmals 1689 gedruckt wurden.
16 Der Briefwechsel ist abgedruckt in *Correspondence of Isaac Newton*, ed. h. W. Turnbull, Bd. II (1960), 319–335. Er umfasst drei Briefe: Newton an Burnet (24. Dezember 1680), Burnet an Newton (13. Januar 1681), Newton an Burnet (Januar 1681).
17 *And if it be ideal in one part, it may in some proportion be ideal in every part.*
18 *As I am writing, another illustration of ye generation of hills proposed above comes into my mind. Milk is as uniform a liquor as ye chaos was. If beer be poured into it & ye mixture let stand till it be dry, the surface of ye curdled substance will appear as rugged & mountaneous as the Earth in any place. I forebear to describe other causes of mountains, as ye breaking out of vapours from below before the earth was well hardened, the settling & shrinking of ye whole globe after ye upper regions or surface began to be hard.*
19 Halley, Edmond (1715): A short account of the cause of the saltness of the ocean, and of the several lakes that emit no rivers; with a proposal, by help thereof, to discover the age of the world. Philosophical Transactions of the Royal Society 344: 296–300.
20 Kant, Immanuel (1777): Von den verschiedenen Racen der Menschen, Leipzig; hier zitiert, nach der Ausgabe von Weischedel, XI, S. 164f.
21 Leider gibt es dazu kein diese Entwicklung ausführlich analysierendes, modernes deutschsprachiges Werk. Ein englischsprachiges Standardwerk zu diesem Thema: Rudwick, Martin J.S. (1972): The meaning of fossils. London und New York.
22 Eine frühe Arbeit dieser Art in Deutschland zur Region um Helmstedt: Conring, Hermann (1665): De antiquissimo statu Helmestadii et vicinae coniecturae. Helmestadii (Helmstedt) (Henning Müller). Zur Nachbarschaft von Nürnberg und der Universität Altdorf: Baier, Johann Jacob (1708): Oryktographia Norica, sive rerum fossilium et ad minerale regnum pertinentium, in territorio norimbergensi eiusque vicinia observatarum succincta descriptio. Cum iconibus lapidum figuratorum fere ducentis. Norimbergae (Nürnberg) (Wolfgang Michael (Wolfgangi Michahellis).

23 Hooke, Robert (1665): Micrographia: Or some physiological descriptions of minute bodies made by magnifying glasses with observations an inquiries thereupon. London (John Martyn & Ja. Allestry).

24 Speer, Andreas (1995): Die entdeckte Natur: Untersuchungen zu Begründungsversuchen einer scienta naturalis im 12. Jahrhundert. 365 S., Brill Academic Pub. – bei Augustinus findet man demnach den Ausdruck: „liber creature caeli et terrae". Sowie Blumenberg, Hans (1983): Die Lesbarkeit der Welt.

25 Galilei, Galileo (1623): *Saggiatore.* Abschnitt 6.

26 Dürer, Albrecht (1525): Unterweisung der Messung mit dem Zirkel und dem Richtscheit in Linien, Ebenen und ganzen Körpern [...] Nürnberg.

27 Dürer, Albrecht (1528): Vier Bücher von menschlicher Proportion, bei Hieronymus Andreae, Nürnberg.

28 Cyrano de Bergerac, 1619–1655; Etats et Empires de la Lune, posthum 1657; Etats et Empires de la Lune, posthum 1662.

29 Descartes, René (1644): *Principia philosophiae.*

30 Stenonis, Nicolai (1669): Solido intra solidum naturaliter contento dissertationis prodromus [...] Florentiae: ex typographia sub signo Stellae; hier verwendet: The Prodromus of Nicolaus Steno's Dissertation concerning a solid body enclosed by process of nature within a solid; an English version with an introduction and explanatory notes by John Garrett Winter, New York: Macmillan Company, 1916.

31 Stenos Argumentation wird hier umstellt und nur verkürzt wiedergegeben.

32 Hier teilen wir nicht das Urteil des Übersetzers John Garret Winter, nach dem Steno am Ende des Werks die Übereinstimmung mit der Bibel nur halbherzig und nur aus formalen Gründen vollziehe. Nichts weist darauf hin, dass Steno grundsätzliche Zweifel an der zeitlichen Struktur der biblischen Geschichtsdarstellung hatte. Er hing der Kalkulation Usshers an (Beleg ebd.) und war von so tiefer Gläubigkeit, dass er zum katholischen Glauben konvertierte, sich zum Priester weihen ließ und schließlich in die katholische Diaspora nach Norddeutschland als Bischof gesandt wurde. Er verstarb in Schwerin 1685.

33 Burnet, Thomas: Telluris Theoria Sacra 1681, engl. Sacred Theory of the Earth 1984; zweiter Teil 1689 lat., 1690 englisch; John Woodward: An Essay toward a Natural History of the Earth and Terrestrial Bodies, especially Minerals, c. in 1695 (2nd ed. 1702, 3rd ed. 1723); Whiston, William (1696): A New Theory of the Earth, From its Original, to the Consummation of All Things, Where the Creation of the World in Six Days, the Universal Deluge, And the General Conflagration, As laid down in the Holy Scriptures, Are Shewn to be perfectly agreeable to Reason and Philosophy. London: Benjamin Tooke. Von allen Büchern wurden auch deutsche Übersetzungen veröffentlicht.

34 Paradigmenwechsel: Nach T.S. Kuhn (1962/1966) vollzieht sich die Entwicklung von Wissenschaften oft nicht in Form geradliniger Entwicklung und der zunehmenden Einarbeitung von Erkenntnisfortschritten, sondern indem alte Denkmuster zugunsten neuer verworfen werden. Siehe dazu auch den letzten Abschnitt *Die wissenschaftliche Revolution der „Plattentektonik"*.

35 Lehmann, Johann Gottlob (1756): Versuch einer Geschichte von Flötzgebürgen, Berlin.

36 Krüger, Johann Gottlob (1744): Naturlehre (2. Aufl.) Halle (Carl Hermann Hemmerde), S. 476.
37 [ebd.], S. 477f.
38 Krüger, Johann Gottlob (1746): Geschichte der Erde in den allerältesten Zeiten, Halle, S. 81.
39 ebd., S. 83.
40 ebd., S. 164f.
41 Das Thema „Hauptveränderungen“ wird in der Folge von Füchsel 1761 und 1773 aufgegriffen.
42 ebd., S. 172f.
43 *My ambition is to make a spacious library, where the books shall consist, in the ancient manner, of tables of stone, and (without any mystical sense) wrote by the finger of God alone, whatever difficulty may occur in distinguishing the character or understanding the language, we shall not, at least, be troubled with correcting errors either in the press or composition.* Hutton, James: Brief an John Strange, vermutl. um 1770; in Eyles, V. a. & Eyles, J. M. (1951): Some geological correspondence of James Hutton, Annals of Science 7, 316–339.
44 Lehmann, Johann Gottlob (1756): Versuch einer Geschichte von Flötzgebürgen, Berlin; zu Füchsel s. folgende Anm.
45 Füchsel, Georg Christian (1761): Historia terrae et maris, ex historia Turingiae, per montium descriptionem. Actorum Academiae electoralis Moguntinae scientarium utilium quae Erfordiae est 2: 46–208.; Einleitung: *Sin forsan, lector amice, perlecta hac historia scrupulus adhuc animo inhaeret, judicium usque eo retineas, donec minimum duos diversos montes secundum eorum nexum inquirere, et de stratis annotata varia perlustrare, ac ipse id genus conclusiones deducere poteris. Nam oberservationes sunt res iudicii; harum vero combinationes sunt actus ingenii, hinc aeque legendo utrasque animi facultates intedere debes, ac autor eam conscribendo adhibuit* (...).
46 „Mayntzisch“ bezieht sich darauf, dass Erfurt seit 1664 Territorium der Mainzer Kurfürsten und Erzbischöfe war. Zur Biographie und Aspekten seines Werks: Möller, Rudolf (1963): Mitteilungen zur Biographie Georg Christian Füchsels. Freiberger Forschungshefte D 43: 1–29; Rein, Siegfried (2009): Georg Christian Füchsel (1722–1773) – ein Aktualist entdeckt die Tiefenzeit der Erdgeschichte. Vernate 28/2009: 11–30; Hofbauer, Gottfried (2002): Geognosie: Von Füchsels reflektierter Spekulation zu Werners voreingenommener Wahrnehmung. Freiberger Forschungshefte D 207: 111–123.
47 *Strata non nisi a fluidis, quae particulas terrestres continent, et ad fundum sub luti, seu cristallorum forma delabi, permittunt, secundum hodiernam experentiam productuntur. (a) Series igitur montanae aeque afluido quodam, et quidem ex luto eius praecipitatio, aut sale cristallisato, sunt productae.* (§ 46).
48 *Corpora stratorum modo sibi incumbenta, per tot temporis dimensiones, quot strati sunt, producuntur.* (§ 50).
49 *Series montanae sunt strata maioris, numero minorum stratorum infinito constructa* (§45).
50 *Modus vero quo natura hodieni adhoc tempore git, et corpora producit, in hac explicatione pro norma assumendus est, alium non novimus.* (Historia terrae et maris, § 43, S. 82).

51 [...] *nec objectio, nos ex sale marino tale quid nondum imitari posse, valebit, cum plurima pars productorum naturalium ultra nostram imitationem adhuc posita sit. Nec desudavimus hucusque in hoc genere laborum* (§ 75).

52 *Historia,* § 162, 163.

53 *Historia,* § 60–63.

54 Wir können uns deshalb nur eingeschränkt der Meinung von Rein (2007) anschließen, der Füchsel als einen „Entdecker der Tiefenzeit der Erdgeschichte" sieht.

55 Entwurf (1773), § 3.

56 *Per aequilibrium igitur sublatum nin mare solum, sed totus globus terraqueus inclinatus fuisset* (1761, § 167).

57 Werner, Abraham Gottlob (1787): Kurze Klassifikation und Beschreibung der verschiedenen Gebirgsarten.

58 Wagenbreth, Otfried. (1955): Abraham Gottlob Werner und der Höhepunkt des Neptunistenstreites um 1790. – Freiberger Forschungshefte D 11, 183–214.

59 *Wiederum aber kann und muß die Geognosie, bloß am Pulte entworfen [...] nichts als kahle schiefe Ideen, nichts als Hirngespinste enthalten [...]. Ein Sistem der Geognosie wird also um so mehr an Evidenz gewinnnen, je mehr es aus richtigen mineralogisch geographischen Beobachtungen gezogen und durch solche verifiziert ist. Ich sage „verifiziert" ist: denn der Geognost soll die Sätze seines Sistems eben so mit Beobachtungen belegen, als ein* ***Rechnungsführer*** [Hervorbg. GH] *seine Rechnung, oder wie ein Geschichtsschreiber seine Quellen anführt.* Werner, Nachlass, Bd. 1, Bl. 267; zit. bei Mühlfriedel, Wolfgang & Martin Guntau (1967): Abraham Gottlob Werners Wirken für die Wissenschaft und sein Verhältnis zu den geistigen Strömungen des 18. Jahrhunderts, In: Abraham Gottlob Werner: Gedenkschrift aus Anlaß der Wiederkehr seines Todestages nach 150 Jahren am 30. Juni 1967, Freiberger Forschungshefte C 223, Leipzig, 9–46, hier: S. 24.

60 Ein Werk, das diese Tradition mustergültig zeigt, ist Walch, Johann Ernst Immanuel (1768–1773): Die Naturgeschichte der Versteinerungen zur Erläuterung der Knorrischen Sammlung von Merkwürdigkeiten der Natur, 4 Bde.

61 Walch nannte diese mutmaßlich in den Ozeanen lebenden Tiere die „Originale" der Versteinerungen.

62 Zuerst von Esper, J. F. (1774): Ausführliche Nachricht von neuentdeckten Zoolithen unbekannter vierfüßiger Thiere, und denen sie enthaltenden, so wie verschiedenen andern denkwürdigen Grüften der Oberbürgischen Lande des Marggrafthums Bayreuth. – vi + 148, Nürnberg: Georg Wolfgang Knorrs Seel. Erben. Nachrichten von Elefanten- und Nashornfunden im Eis wurden in Deutschland und Frankreich insbesondere durch Pallas verbreitet. Pallas, P.S. (1778): Betrachtungen über die Beschaffenheit der Gebirge und Veränderungen der Erdkugel, besonders in Beziehung auf das Rußische Reich. Vorgelesen in der öffentlichen Versammlung der Rußisch-Kaiserl. Akademie der Wissenschaften, den 23ten Junius 1777, da dieselbe mit der hohen Gegenwart des Herrn Grafen von Gothland beehret wurde. – Frankfurt und Leipzig; bzw. Pallas, P.S. (1777): Observations sur la formation des montagnes et les changements arrivés à notre globe. – Acta historica Leopoldina 1, 21–64.

63 Cuvier, Georges (1796) Mémoire sur les espèces d'éléphants tant vivants que fossiles, lu à la séance publique de l'Institut National le 15 germinal, an IV. Magasin encyclo-

pédique, 2e année, 3. 440–445; Rudwick, Martin J. S. (1997): Georges Cuvier, Fossil Bones, and Geological Catastrophes: New Translations & Interpretations of the Primar Texts. University of Chicago Press.

64 Mehrfach in dem späteren Discours préliminaire: Cuvier, Georges (1812): Recherches sur les ossemens fossiles de quadrupèdes, où l'on rétablit les caractères de plusieurs espèces d'animaux que les révolutions du globe paroissent avoir détruites, Bd. 1, S. 1–116.

65 Die Sedimentgesteine um Paris stammen aus dem Tertiär. Ähnlich wie Werners Gliederung in *Uranfängliches Gebirge* und *Flötzgebirge* war in anderen Teilen Europas die Gliederung in ein *Primäres Gebirge* (Kristallines Grundgebirge) und das aus zum Teil umgelagerten Sedimenten aufgebaute *Sekundäre Gebirge* unterteilt. Darüber folgende Sedimente hatten oft den Charakter von Lockergesteinen und wurden mitunter als tertiäres Gebirge bezeichnet. Diese Vorstellung geht auf den Italiener Arduino (1760) zurück, eine präzise Definition als paläontologisch definierte Periode hat das Tertiär allerdings erst durch Charles Lyell im Bd. III seiner *Principles of Geology* (1833) erhalten.

66 Siehe dazu Rudwick, Martin J.S. (1997): Georges Cuvier, S. 68ff., ebenso Cuvier, Georges: Mémoire sur le squelette presque entier d'un petit quadrupède du genre de sarigues, trouvé dans le pierre à plâtre des environs de Paris. – Annales du Muséum d'Histoire Naturelle 5: 277–292, pl. 19.

67 Cuvier, Georges (1812), Recherches sur les ossemens fossiles de quadrupèdes, Discours préliminaire, S. 3.

68 Cuvier, Georges & Alexandre Brongniart (1811): Essai sur la géographie minéralogique des environs de Paris. Mémoires de la Classe des Sciences mathématiques et physiques de l'Institut Imperial de France 1810: 1–278, 2 Taf., 1 Geologische Karte.

69 Kenner der Geschichte der Geowissenschaften werden hier den Hinweis auf den Engländer William Smith (1769–1839) vermisst haben. Nachdem Smith ab 1799 einige geologische Karten zu Teilgebieten Englands fertiggestellt und publiziert hatte, wurde 1815 die erste zusammenhängende geologische Karte von England und Wales herausgebracht und damit zugleich unterstrichen, welche enormen erdgeschichtlichen Informationen aus einem solchen Werk zu gewinnen ist. Smith hat ebenfalls die Bedeutung der Fossilien für die Charakterisierung von Formationen erkannt und systematisch angewandt. Da das vorliegende Buch nicht auf Vollständigkeit zielt, haben wir uns auf die Arbeiten Cuviers konzentriert. Über die Beiträge von Smith hinausgehend hat Cuvier „Aussterben" thematisiert sowie darauf einen ganzen erdgeschichtlichen Entwurf gegründet. Insbesondere in Frankreich und Deutschland, und selbst in England, wurde Cuviers „Katastrophentheorie" auch weit über die Fachkreise hinaus diskutiert. Zu Smith siehe: Winchester, Simon (2001): The map that changed the world: the tale of William Smith and the birth of a science. (London: Viking).

70 Werner, Abraham Gottlob (1774): Von den äußerlichen Kennzeichen der Foßilien. Leipzig (Crusius).

71 Discourse préliminaire, mehrere Auflagen ab 1811; deutsche Übersetzungen Nöggerath, Jakob: Cuvier's Ansichten von der Urwelt, Bonn 1822; Die Erdumwälzungen, übers. C.G. Giebel, Leipzig 1851.

72 Discourse préliminaire 1812, S. 17: *Le fil des opérations est rompu; la marche de la nature est changée; et aucun des agens qu'elle emploie aujourd'hui ne lui auroit suffi pour produire ses anciens ouvrages.*

73 S. 17: Erstmals wird in dieser Arbeit auch die später so bedeutungsvoll werdende Kreide-Tertiär-Grenze angesprochen. Bei Cuvier repräsentierte diese zwar nicht die chronologische Grenze im heutigen Sinn, sondern einen jüngeren, tertiärzeitlichen Erosionskontakt. Doch der Gesteins- und Faunenwechsel zwischen der Schreibkreide und der darüber folgenden tertiärzeitlichen Sequenz ist davon unberührt und deutlich. Cuvier konstatiert die Unterschiede und betont in diesem Fall die besondere Akribie seiner Beobachtung: Auch sedimentologisch betrachtet finden sich keine Hinweise auf einen kontinuierlichen Übergang, und die Formationsgrenze beinhaltet „vielleicht sogar eine lange Zeitspanne“ (*peut-être même un long espace de temps*).

74 *In the hill of Barrat [Auvergne], for example, we find an assemblage of calcareous and silciceous marls, in which for a depth of at least 60 feet, the layers are so thin that thirty are sometimes contained in the thickness of an inch; and when they are separated we see preserved in each the flattened stems of Charae, or other plants, or sometimes myriads of small paludinae and other freshwater shells. These minute foliations of the marl resemble precisely some of the recent laminated beds of the Scotch marl lakes, and when divided may be compared to the pages of a book, each containing a history of a certain period of the past […] So wonderfully minute are the separate parts of which some of the most massive geological monuments are made up!* (Lyell, Principles vol 3, 1833, p. 239).

75 Lyell, Charles: Principles of Geology, Bd. I London 1830, Bd. II 1832, Bd. III 1833.

76 Bronn, Heinrich Georg (1858): Untersuchung über die Entwicklungs-Gesetze der organischen Welt während der Bildungs-Zeit unserer Erdoberfläche, Stuttgart, S. 75f.

77 ebd. S. 77.

78 Guettard, Jean-Étienne (1756): Mémoires sur quelques montagnes de France qui ont été volcans. Histoire de l'Académie des Sciences 1752: 27–59. – 1752, also ein Jahr nach der Entdeckung, erfolgte der mündliche Bericht in der Akademie, der Druck dann erst weitere vier Jahre später.

79 So kam es im Jahr 1788 in Deutschland zu einem heftigen Aufeinanderprall zwischen Abraham Gottlob Werner und dem Thüringer Geologen Johann Karl Wilhelm Voigt – eine Episode, die als Basaltstreit in die Geschichte der Wissenschaft einging. Voigt, selbst ein früher Werner-Schüler, stellte sich in diesem Punkt gegen seinen Lehrer.

80 Zumindest feldgeologisch, also mit dem bloßen Auge oder der Lupe betrachtet. Ob der Basalt dann wirklich der petrografischen Definition dieses Gesteins entspricht, kann zumeist erst anhand eines Dünnschliffes, oder noch zuverlässiger, der chemischen Analyse, bestimmt werden.

81 Diderot, Denis & Jean Baptiste le Rond d'Alembert (ab 1760 Louis de Jaucourt) (1751): Encyclopédie ou Dictionnaire raisonné des sciences, des arts et des métiers. 17 Textbände, 11 Tafelbände, Paris (Briasson u. a.). Der – anonyme, aber sicher auf Desmarst selbst zurückgehende – Beitrag findet sich im Tafelband 6 (1768): Recueil de planches, sur les sciences, les arts libéraux, et les arts méchaniques, avec leur explication, planche VII + explic. „Basalts d'Auvergne“.

82 Der Rest einer Lava aus Tour d'Auverne und die Ansicht einer rosettenartigen Säulenanordnung des Rocher de Perenoire.

83 Die „offizielle“ wissenschaftliche Publikation über die Natur des Basaltes erfolgte durch einen Vortrag in der Akademie der Wissenschaften im Jahr 1771, gedruckt erst im Jahr 1774: Desmarest, Nicolas (1771): Mémoire sur l'origine et la nature du basalte

à grandes colonnes polygones, déterminées par l'histoire naturelle de cette pierre, observée en Auvergne. Histoire de l'Académie Royale des Sciences 1771: 705–775. Diesem Beitrag ist als Tafel 15 auch die erste vulkanologische Karte der Auvergne beigefügt; sie umfasst das Gebiet um den Mont Dore. Eine umfangreichere Karte wurde erst 1823 posthum von seinen Sohn herausgegeben, bzw. wie jüngst entdeckt, schon zumindest in einem Druck 1811 angefertigt, siehe dazu Lutz, Herbert (2014): The ancient volcanoes of Central France – Nicolas Desmarest's famous volcano-geomorphological map in an unrecorded print from 1811. Z. Dt. Ges. Geowiss. 165: 395–406.

84 Desmarest, Nicolas (1779): Extrait d'un mémoire sur la détermination de quelques époques de la nature par les produits des volcans, et sur l'usage de ces époques dans l'étude des volcans. Observations sur la physique, l'histoire naturelle et les arts 13: 115–126. Siehe dazu auch die Analyse inklusive der englischen Übersetzung des Mémoires: Taylor, Kenneth L. (2009): Desmarest's „Determination of some epochs of nature through volcanic products" (1775/1779). Episodes 32: 114–124.

85 Chantepie, M. (1990): Le Volcanisme basaltique miocène et pliocène dispersé de la région de Clermont-Ferrand et sur le plateau des Dômes. Étude pétrologique et géochronologique. Implications volcanologiques et morpho-tectoniques, Mémoire de DEA, Univ. Clermont–Ferrand II, 38 p.http://www.chainedespuys–failledelimagne.com/le–bien/la–montagne–de–la–serre/ – zuletzt besucht am 5.2.2015.

86 Desmarest sieht die Sedimente der Limagne als Ablagerung des Meeres an. Schon bald sollte aber klar werden, dass es sich um Süßwasser–Bildungen handelt. Diese Einsicht war insbesondere den Funden von Resten großer Säugetiere zu verdanken.

87 Das Wort „Wissenschaftler" ist greifbar, wurde aber erstmals Jahre später (1834) von William Whewell gebraucht (Quaterly Review). Ross, Sydney (1962): Scientist: The story of a word. Annals of Science 18: 65–85.

88 Scrope, George Poulett (1827): Memoir on the geology of Central France; including the volcanic formations of Auvergne, the Velay, and the Viverais. London; p iii: „[…] *and in their comparison with the results of those changes and operations which the ever-active hand of Nature is still carrying on upon that surface.*" (erste Textseite des Vorworts).

89 Auch an diesem Aspekt wird erneut deutlich, dass Werner ebenfalls zu den Geologen gehörte, die ihren Blick mehr zurück in die Erdgeschichte als auf das Studium aktueller Erscheinungen und Prozesse gerichtet hatte. Diese Konzentration auf eine von der Gegenwart isolierte Erdgeschichte hat zu einer Art geologischer Weltfremdheit, einer Vernachlässigung der gegenwärtigen Erde geführt.

90 *diluvian theorists* (S. 162).

91 Scrope benutzt hier den deutschen Begriff „Thalweg" (S. 46).

92 Scrope 162: *unlimited allowance of time.*

93 *The periods which to our narrow apprehension, and compared with our ephemeral existence, appear of incalculable duration, are in all probability but trifles in the calendar of Nature. It is geology that, above all other sciences, makes us acquainted with this important, though humiliating fact. Every step we take in its pursuit forces us to make almost unlimited drafts upon antiquity. The leading idea which is present in all our researches, and which accompanies every fresh observation, the sound which to the ear of the student of Nature seems continually echoed from every part of her works, is – Time! – Time – Time!*

94 *It is very remarkable that while the words Eternal, Eternity, Forever, are constantly in our mouths, and applied without hesitation, we yet experience considerable difficulty in contemplating any definite term which bears a very large proportion to the brief cycles of our petty chronicles. There are many minds that would not for an instant doubt the God of Nature to have existed from all Eternity, and would yet reject as preposterous the idea of going back a million of years in the History of His Works. Yet what is a million, or a million million, of solar revolutions to an Eternity?*

95 *The geological system of Dr. Hutton, resembles, in many respects, that which appears to preside over the heavenly motions. In both, we perceive continual vicissitude and change, but confined within certain limits, and never departing far from a certain mean condition, which is such, that, in the lapse of time, the deviations from it on the one side, must become just equal to the deviations from it on the other. In both, a provision is made for duration of unlimited extent, and the lapse of time has no effect to wear out or destroy a machine, constructed with so much wisdom. Where the movements are all so perfect, their beginning and the end must be alike invisible*" – Playfair, John (1802): Illustrations, § 387; zugleich in Playfair Works 1822.

96 In der es natürlich auch einige Unterschiede gab. Zu den feineren Unterschieden zwischen Lyell und Scropes Methodiken siehe Laudan, Rachel (1987): From mineralogy to geology: The foundation of a science, 1650–1830. Chicago (University of Chicago Press), S. 207ff.

97 Lyell, Charles & Roderick Murchinson (1829): On the excavation of valleys, as illustrated by the volcanic rocks of Central France. Edinburgh New Philosophical Journal 7: 15–48; 3 plates.

98 Wir befinden uns mit dieser Einschätzung in Einklang mit Rudwick, Martin J.S. (1969): Lyell on Etna, and the antiquity of the earth. In Schneer, History of geology: 288–304.

99 Antiquity of the cone of Etna, in Bd. III der Principles, S. 97ff. (1833).

100 Whether signs of Diluvial Waves are observable on Etna, S. 101f.

101 Darwin, Charles (1859): On the origin of species by means of natural selection, or the preservation of favoured races in the struggle for life. London (Murray), S. 282: *A man must for years examine for himself great piles of superimposed strata, and watch the sea at work grinding down old rocks and making fresh sediment, before he can hope to comprehend anything of the lapse of time, the monuments of which we see around us.*

102 Darwin 1859, Origin, S. 284.

103 ebd.: *It is hardly possible for me even to recall to the reader, who may not be a practical geologist, the facts leading the mind feebly to comprehend the lapse of time. He who can read Sir Charles Lyell's grand work on the Principles of Geology, which the future historian will recognise as having produced a revolution in natural science, yet does not admit how incomprehensibly vast have been the past periods of time, may at once close this volume.*

104 *imperfection of the geological record.*

105 Lyell, Principles – im vol. III schon ab der ersten Auflage 1833, S. 289 ff.

106 Buffon, Georges-Louis Leclerc de (1775): Histoire naturelle, supplément tome II, Paris. Partie hypothétique: Premier Mémoire; Recherches sur le refroidissement de la Terre & des Planètes, S. 361 ff.

107 Lyell, Principles vol. III (1833); S. 285 ff.
108 Lyell, Principles vol. III (1833); S. 289 ff.
109 Darwin 1859, Origin, S. 286: *though no doubt the degradation of a lofty cliff would be more rapid from the breakage of the fallen fragments.*
110 Das hat auch Kelvin nicht gemerkt, der in seiner späteren Kritik den ohnehin schon großzügigen Wert von 1 inch/100 Jahre zu Grunde legt – siehe dazu weiter unten im Text.
111 Dornbusch, Uwe & David Robinson (2005): Beaches at Risk (BAR) Phase 1, February 2003–January 2005, Science Report. Retreat of chalk cliffs and downwearing of shore platforms in the Eastern Channel during the last century. Brighton (University of Sussex).
112 Darwin 1859, Origin, S. 287: *So that in all probability a far longer period than 300 million years has elapsed since the latter part of the Secondary period.*
113 Burchfield, Joe D. (1974): Darwin and the dilemma of geological time. Isis 65: 300–321; S. 302 spricht B. von einem offenkundigen Übervertrauen (*overconfidence*) Darwins in Lyells Konzept der tiefen Zeit.
114 Lyell, Principles III (1833), S. 311: *We have many opportunities of witnessing the entire demolition of the chalk on our southern coast, as at Seaford, for example, in Sussex, where large masses are, year after year, detached from the cliffs, and soon disappear, living nothing behind but a great bank of flint shingle.*
115 Über die weitreichende Bedeutung solcher Metaphern siehe Mayr, Otto (1987): Uhrwerk und Waage: Autorität, Freiheit und technische Systeme in der frühen Neuzeit. München (Beck). Zur Verknüpfung von Kultur- und Wissenschaftsgeschichte im 19. Jahrhundert; Brush, Stephen G. (1987): Die Temperatur der Geschichte: Wissenschaftliche und kulturelle Phasen im 19. Jahrhundert. Braunschweig (Vieweg).
116 *We have now considered the globe of this earth as a machine, constructed upon chemical as well as mechanical principles, by which its different parts are all adapted, in form, in quality, and in quantity, to a certain end; an end attained with certainty or success; and an end from which we may perceive wisdom, in contemplating the means employed.* (Hutton 1788, S. 215f.).
117 *A volcano is not made on purpose to frighten superstitious people into fits of piety and devotion, nor to overwhelm devoted cities with destruction; a volcano should be considered as a spiracle to the subterranean furnace, in order to prevent the unnecessary elevation of land, and fatal effects of earthquakes* (Hutton 1788, S. 275). Die Analogie zur Dampfmaschine und den Vulkanen als Ventilen findet man auch bei Scrope (1827): Memoir on the geology of Central France.
118 siehe den Abschnitt 3.6., Die zweite Revolution.
119 Eine Stichprobe aus den *Proceedings of the Royal Society of Edinburgh* 1850–1857, dem Zeitraum, in dem William Thomson [Lord Kelvin] u. a. den Zweiten Hauptsatz der Thermodynamik ausgearbeitet hat, zeigt in beeindruckender Weise die Produktivität der Forschungen zur Wärmetheorie. Allein in dieser Zeit finden sich in den *Proceedings* folgende Beiträge: Rankine, W.J. Macquorn: On the mechanical action of heat, S. 3; Smyth, Charles Piazzi: Account of the experiments on the thermotic effect of the compression of air, with some practical applications, S. 28; Petric, W.: Theoretical investigations into the same, S. 28; Dalmahoy, James: On the weight of

aqueous vapour, condensed on a cold surface, under given conditions, S. 43; Thomson, William: On the dynamical theory of heat, with numerical results deduced from Mr Joule's equivalent of a thermal unit, and M. Regnault's observation on steam, S. 48; Rankine, W.J. Macquorn: On the compressibility of water, S. 58; ders.: On the economy of single-acting steam-engines, and expansive machines generally, S. 60; Thomson, William: On a method of discovering experimentally the relation between the mechanical work spent and the heat produced by the compression of a gaseous fluid, S. 69; Rankine, W.J. Macquorn: On the centrifugal theory of elasticity and its connection with the theory of heat, S. 86; ders.: On the computation of the specific heat of liquid water, at various temperatures, from the experiments of M. Regnault, S. 90; Thomson, William: On the quantities of mechanical energy contained in a fluid mass, in different states, as to temperature and density, S. 90; ders.: On a mechanical theory of thermo-electric currents, S. 91; ders.: On the mechanical action of radiant heat or light: on the power of animated creatures over matter: on the sources available to man for the production of mechanical effect, S. 108; ders.: On a universal tendency in nature to the dissipation of mechanical energy, S. 139 [**der Beitrag zum Zweiten Hauptsatz**]; Rankine, W.J. Macquorn: On the absolute zero of the perfect gas thermometer; being a note to a paper on the mechanical action of heat, S 160; ders.: On the mechanical action of heat […], S. 162; ders.: On the mechanical action of heat […], S. 223; Thomson, William: On the mechanical energies of the solar system, S. 241; ders.: On the mechanical value of a cubic mile of sunlight, and on the possible density of luminiferous medium, S. 253; ders.: Account of the experimental investigations to answer questions originated in the mechanical theory of thermo-electric currents, S. 255; ders.: Dynamical theory of heat, part IV. continued. A mechanical theory of thermo-electric currents in crystalline solids, S. 255; Rankine, W.J. Macquorn: On the mechanical action of heat, p. 287; Smyth, C. Piazzi: Account of experiments to ascertain the amount of Prof. W. Thomson's solar refraction, p. 302.

120 Fourier, Jean Baptiste Joseph (1820): Extrait d'une mémoire sur les températures du globe terrestre et des espaces planétaires. Annales de chimie et de physique 13: 418–438; Fourier, Jean Baptiste Joseph (1824): Remarques générales sur les températures du globe terrestre et des espaces planétaires. Annales de chimie et de physique 27: 136–167. Siehe dazu auch Rudwick 2008, Worlds before Adam, S. 124f.

121 Buffon, Georges-Louis Leclerc de (1775): Histoire naturelle, Supplement tome second.

122 Société Hollandaise des Sciences à Harlem, abgedruckt u. a. im Journal für Chemie und Physik, 65 (1832), S. 125: *Plusieurs expériences dans les années derniéres en Europe et en Amérique, par rapport à la température intérieur de la terre, parraissant indiquer une augmentation de chaleur en raison de la profondeur, on désire une revue et un examen critique de ces expériences, afin de déterminer si l'on doit en conclure, qu'une chaleur plus forte existe au centre de la terre, ou bien, si l'augmentation de chaleur, observée dans les expériences mentionées, peut être expliquée soit par d'autres causes? – Jusqu'à quel point ces recherches peuvent–elles suffire pour expliquer l'origine des sources chaudes et des phénomènes volcaniques, ainsi que d'autres changemens que subit la terre à sa surface*? Bischof, Gustav (1837): Die Wärmelehre

des Innern unseres Erdkörpers: Ein Inbegriff aller mit der Wärme in Beziehung stehenden Erscheinungen in und auf der Erde. Leipzig (Joh. Ambros. Barth).

123 Thomson, William [Lord Kelvin] (1852): On a universal tendency in nature to the dissipation of mechanical energy. Proceedings of the Royal Society of Edinburgh 1852: 139–142.

124 *Within a finite period of a time past the earth must have been, and within a finite period of time to come the earth must again be, unfit for the habitation of man as at present constituted, unless operations have been, or are to performed, which are impossible under the laws to which the known operations going on at present in the material world are subject.* Thomson [Kelvin] (1852), On a universal tendency in nature to the dissipation of mechanical energy, S. 142.

125 *The second law of Thermodynamics involves a certain principle of irreversible action in nature. It is thus shown that, although mechanical energy in indestructible, there is a universal tendency to its dissipation, which produces gradual augmentation and diffusion of heat, cessation of motion, and exhaustion of potential energy through the material universe.* – Thomson, William [Lord Kelvin] (1862): On the age of the sun's heat. Macmillan's Magazine 5: 388–393; hier der erste Satz des Beitrages, S. 388.

126 *What then shall we think of such geological estimates as 300,000,000 years for the „denudation of the Weald"? Whether it is more probable that the physical conditions of the sun's matter differ 1,000 times more that dynamics compel us to suppose they differ from those of matter in our laboratories; or that a stormy sea, with possibly channel tides of extreme violence, should encroach on a chalk cliff 1,000 times more rapidly than Mr. Darwin's estimate of one inch per century?* (Kelvin 1962, 391f.) Kelvin hat hier den Text von Darwin nicht genau gelesen, denn eigentlich belief sich die Schätzung Darwin auf 1 inch/220 Jahre, siehe Abschnitt 5.3., Darwins Zeit-Kalkulation. Doch auch 1 inch/100 Jahre war schon Anstoß genug.

127 *It seems, therefore, on the whole most probable that the sun has not illuminated the earth for 100,000,000 years, and almost certain not done so for 500,000,000 years. As for the future, we may say, with equal certainty, that inhabitants of the earth cannot continue to enjoy the light and heat essential to their life, for many million years longer, unless sources now unknown to us prepared in the great storehouse of creation.* (Kelvin 1962, 391f.)

128 Thomson, William [Lord Kelvin] (1863): On the secular cooling of the earth. Philosophical Magazine 25: 1–14, S. 1: *For eighteen years it has pressed on my mind, that essential principles of thermo-dynamics have been overlooked by those geologists who uncompromisingly oppose all paroxysmal hypotheses, and maintain not only that we have examples now before us, on the earth, of all the different actions by which its crust has been modified in geological history, but that these actions have never, or have not on the whole, been more violent in past time than they are at present.*

129 Kelvin 1863, S. 5.

130 ebd.

131 Tait, Peter Guthrie (1876): Lectures on some recent advances in physical science. London (MacMillan), darin: Lecture VII: Sources and transference of energy, 160–184; S. 174 […] *probably reduces the possible period which can be allowed to geologists to something less than ten millions of years.*

132 Thomson, William [Lord Kelvin] (1899): The age of the earth as an abode fitted for live. Science 9, No. 229: 704–711.

133 Thomson, William [Lord Kelvin] (1899), S. 711: *My task has been rigorously confined to what, humanly speaking, we may call the fortuitous concourse of atoms, in the preparation of the earth as an abode fitted for life, except in so far as I have referred to vegetation, as possibly having been concerned in the preparation of an atmosphere suitable for animal life as we now have it. Mathematics and dynamics fail us when we contemplate the earth, fitted for life but lifeless, and try to imagine the commencement of life upon it. This certainly did not take place by any action of chemistry, or electricity, or crystalline grouping of molecules under the influence of force, or by any possibly kind of fortuitous concourse of atoms. We must pause, face to face with the mystery and miracle of the creation of living creatures.*

134 Presidential Address to the British Association for the Advancement of Science; held at Edinburgh in August, 1871, reprinted in Kelvin's Popular Lectures and Addresses, Teil 2, S. 132–205. Kelvin kann sich demnach vorstellen, dass das Leben durch Meteoriten auf die Erde gekommen sei; diese Vorstellung hält er für vereinbar mit dem Gedanken eines Schöpfers, einer „kontrollierenden und leitenden Intelligenz" (*controlling and guiding Intelligence*).

135 Eve, Arthur S. (1939): Rutherford. New York (MacMillan), S. 107f.

136 England, Philip C., Peter Molnar & Frank M. Richter (2007): Kelvin, Perry and the Age of the Earth. American Scientist 95: 342–349.

137 Auch dieser neue Abschnitt wird treffend skizziert von Burchfield, J.D (1975): Lord Kelvin and the age of the earth. New York.

138 Holmes, Arthur (1913): The age of the earth. London und New York (Harper & Brothers). *It is perhaps a little indelicate to ask of our Mother Earth her age, but Science acknowledges no shame and from time to time has boldly attempted to wrest from her a secret which is proverbially well guarded* (S. ix).

139 Patterson, Clair Cameron (1956): Age of meteorites ad the earth. Geochimica et Chosmochimica Acta 10: 230–237.

140 Angesichts der in zahlreichen Ausgaben gedruckten und leicht zu findenden kurzen Schrift verzichten wir hier auf eine genauere Quellenangabe.

141 Werner, Abraham Gottlob (1787): Kurze Klassifikation und Beschreibung der verschiedenen Gebirgsarten. Dresden (Walther).

142 Goethe, Johann Wolfgang von (1960): Schriften zur Geologie und Mineralogie. Schriften zur Meteorologie. Mit Nachworten und Registern versehen von Helmut Hölder und Eugen Wolf. Stuttgart (Cotta). [Bd. 20 der 22-bändigen Werkausgabe]; über den Besuch der Rehberger Klippen, S. 109–113.

143 Prescher, Hans (1978): Goethes Sammlungen zur Mineralogie, Geologie und Paläontologie: Katalog. Berlin (Akademie-Verlag). Abb. 9 zeigt dieses Objekt.

144 Playfair, John (1805): Biographical Account of the late Dr. James Hutton, F.R.S. Edin. Transactions of the Royal Society of Edinburgh 5: 33–99; hier S. 67: *In such situations, one might expect veins of the stone which had been in fusion to penetrate into the stone which had been solid; and some imperfect descriptions of granitic veins gave reason to imagine that this phenomenon was actually to be observed. Dr. Hutton was anxious that an instantia crucis might subject his theory to the severest test.* Der Be-

griff *instantia crucis* wurde von Francis Bacon in seinem *Novum Organon* (1620) verwendet, wobei das *crucis* (Kreuz) darauf zurückgeht, dass es eine Art „Kreuzung“ darstellen soll, an der über den weiteren Weg entscheiden wird. In der Physik hat sich in Anlehnung daran jedoch der Begriff *experimentum crucis* durchgesetzt.

145 *When they had reached the Forest Lodge, about seven miles up the valley, Dr Hutton already found himself in the midst of the objects which he wished to examine. In the bed of the river, many veins of red granite, (no less, indeed, than six large veins in the course of a mile), were seen traversing the black micaceous schistus, and producing, by the contrast of the colour, an effect that might been striking even to an unskillful observer. The sight of objects which verified at once so many important conclusions in his system, filled him with delight; and his feelings, on such occasions, were always strongly expressed, the guides who accompanied him were convinced that it must be nothing less than the discovery of a vein of silver or gold, that could call forth such strong marks of joy and exultation.*

146 *This is the view in which we are now to examine the globe; to see if there be, in the constitution of this world, a reproductive operation, by which a ruined constitution may be again repaired, and a duration or stability thus procured to the machine, considered as a world sustaining plants and animals.* (Hutton 1788, p. 216).

147 Kant, Immanuel (1784): Beantwortung der Frage: Was ist Aufklärung?. Berlinische Monatsschrift 12: 481–494.

148 Guettard, Jean-Étienne, (1756): Mémoires sur quelques montagnes de France qui ont été volcans. Histoire de l’Académie des Sciences 1752: 27–59. Entdeckt auf der Reise 1751, vorgetragen in Paris am 10. Mai 1752.

149 Horace-Bénédict de Saussure (1740–1799), war im Jahr 1786 der erste Mensch auf dem Mont Blanc. Im folgenden Jahr wiederholte er diesen Aufstieg mit einem Team, das ihn bei seinen wissenschaftlichen Beobachtungen unterstützte. Saussure, Horace-Bénédict de (1779): Voyages dans les Alpes. 4 Bde. Genf. Das Werk ist voller, für viele Wissenschaften interessanter, Beobachtungen. Zu wissen, dass auch der höchste Berg Europas – wie von Saussure mit dem Barometer festgestellt – aus Granit besteht, war eine wichtige und zugleich verlässliche Information für viele nachfolgende geologische Arbeiten.

150 Der Begriff der „Erhabenheit“ (engl. *sublime* hat seinen Ursprung in England, siehe Burke, Edmund (1757): A philosophical enquiry into the origin of our ideas of the sublime and beautiful.) In der Folge wurde das „Erhabene“ aber auch in Deutschland, unter anderen durch Immanuel Kant und Friedrich Schiller, ausführlich behandelt; Kant, Immanuel (1790): Kritik der Urteilskraft; Schiller, Friedrich (1801): Vom Erhabenen, in: Kleinere prosaische Schriften.

151 Über die Faszination der Vulkane berichtet ausführlich: Thüsen, Joachim von der (2008): Schönheit und Schrecken der Vulkane: Zur Kulturgeschichte des Vulkanismus. Darmstadt (Wissenschaftliche Buchgemeinschaft).

152 Grattan, John (2005): Pollution and paradigms: lesson from icelandic volcanism for continental flood basalt studies. Lithos 79: 343–353.

153 Schimkat, Peter, (2008): Geologie in Deutschland. Zur Etablierung einer naturwissenschaftlichen Disziplin im 19. Jahrhundert. (Algorismus: Studien zur Geschichte der Mathematik und Naturwissenschaften, 69) Augsburg (Rauner).

154 Suess, Eduard (1892–1909): Das Antlitz der Erde. – Bd. I 1883, Bd II 1888, Bd. III, Tl. 1 1901, Tl 2 1909. Prag, Wien und Leipzig (Tempsky bzw. Freytag).
155 Das Antlitz der Erde. – Bd. I, S: 777.
156 ebd., S. 778.
157 Eine gute Zusammenfassung auch der frühen Entwicklung dieses Konzepts findet man bei Knopf, Adolph (1948): The geosynclinal theory. Bulletin of the Geological Society of America 59: 649–670. Erste Schritte in Richtung dieses Konzepts wurden von James Hall (1811–1898) unternommen, der Begriff „geosynclinal" selbst wurde erstmals ausgesprochen von Dana, James Dwight (1873): On some results of the earth's contraction from cooling, including discussion of the origin of mountains and the nature of the earth's interior. *American Journal of Science* 5: 423–443, und 6: 6–14,104–115, 161–172.
158 Grundfragen S. 40 ff: Das orogene Zeitgesetz bzw. „orogenetisches Gleichzeitigkeitsgesetz".
159 Grundfragen S. 18: *eine ununterbrochene, aber keine gleichmäßig fortschreitende Entwicklung des Erdbildes.*
160 Grundfragen S. 22.
161 Lüttig, Gerd (1985): Über den „Dreck, der die Geologie verhüllt" (Stille). Nachrichten der deutschen geologischen Gesellschaft 32: 90–105.
162 Da an der Entwicklung der Plattentektonik keine deutschen Geologen maßgeblich beteiligt waren, gibt es auch keine ausführliche Studie in deutscher Sprache. Von Alfred Wegener (1880–1930), dessen Hypothesen zur Kontinentaldrift in Deutschland wie auch im angelsächsischen Raum weitestgehend abgelehnt wurden, führt kein wirkungsgeschichtlicher – höchsten ein ideengeschichtlicher – Weg zur modernen Plattentektonik. Erst als das neue Konzept von den Vorstellungen Wegeners unabhängig Form angenommen hatte, begann die Wiedererinnerung an ihn. Eine kurze historische Darstellung zur Entwicklung der Tektonik, in der Folge aber auch sehr gute Darstellung der aktuellen Plattentektonik, findet man in Frisch, Wolfgang, & Martin Meschede (2007): Plattentektonik. Kontinentverschiebung und Gebirgsbildung. (2. aktualisierte Auflage, bzw. 3. unveränd. Aufl. 2009). Die wohl tiefschürfendste Analyse ist: Oreskes, Naomi (1999): The rejection of Continental Drift. Theory and method in American Earth Science. New York und Oxford (Oxford University Press).
163 Vine, Frederick J. & Drummond Matthews (1963): Magnetic anomalies over oceanic ridges. Nature 199: 947-949.
164 Kuhn, Thomas S. (1962): The structure of scientific revolutions. Chicago (University of Chicago Press). Kuhn, Thomas S. (1976): Die Struktur wissenschaftlicher Revolutionen (2. rev. und um das Postscriptum von 1969 ergänzte Aufl.). Frankfurt/Main (Suhrkamp).
165 Nicht alle Wissenschaftsforscher teilen die Meinung, dass die Wende zur Plattentektonik so ideal dem Muster einer wissenschaftlichen Revolution im Sinne Kuhns entsprach, siehe etwa: Frankel, Henry (1978): The non-Kuhnian nature of the recent revolution in the earth sciences. In: Proceedings of the 1978 Biennal Meeting of the Philosophy of Science Association, ed. P. J. Asquith & I. Hacking, East Lansing/Michigan, 197–214; Über den genauen Ablauf dieses „Paradigmenwechsels" wird heute noch geforscht: Marx, Werner & Lutz Bormann (2013): The emergence of plate tec-

tonics and the Kuhnian model of paradigma shift: a bibliomethric case study based on the Anna Karenina principle. Scientometrics, 94: 595–614.

166 Alvarez, Luis W., Walter Alvarez, Frank Asaro & Helen V. Michel (1980): Extraterrestrial cause for the Cretaceous-Tertiary Extinction. Science 208: 1095–1108.

167 Auch für das Nördlinger Ries hatte man in Deutschland eine erdgeschichtlich-historische Erklärung bevorzugt: Ein zeitlich-genetischer Zusammenhang mit dem Hegau und dem Uracher Vulkanfeld, dazu eine „besondere strukturelle Position" im Krustenbau Süddeutschlands. Shoemaker, Eugene M. & Edward C. T. Chao (1961): New evidence for the impact origin of the Ries Basin, Bavaria, Germany. Journal of Geophysical Research 66: 3371–3378.

168 Hildebrand A. R., G.T. Penfield, D.A. Kring, M. Pilkington, Z.A. Camargo, S.B. Jacobsen & Boynton W.V. Boynton (1991): Chicxulub crater: a possible Cretaceous/Tertiary boundary impact crater on the Yucatan Peninsula, Mexico. Geology 19, 867–871.

169 Bland, Philip A., (2005): The impact rate on earth. Phil. Trans. R. Soc. A 363: 2793–2810.

170 http://neo.jpl.nasa.gov/risk/ (besucht am 31.1.2015).

171 Rampino, Michael R. (2001): Supereruptions as a threat to civilization on earth-like planets. Icarus 156: 562–569; Self, Stephen (2006): The effects and consequences of very large explosive volcanic eruptions. Philosophical Transactions of the Royal Society A 364: 2073–2097.

172 Krüger, Tobias (2008): Die Entdeckung der Eiszeiten: Internationale Rezeption und Konsequenzen für das Verständnis der Klimageschichte. Basel (Schwabe).

173 Z. B. Kobashi, Takuro, Jeffrey P. Severinghaus, Edward J. Brook, Jean-Marc Barnolac & Alexi M. Grachev (2007): Precise timing and characterization of abrupt climate change 8200 years ago form air trapped in polar ice. Quaternary Science Reviews 26: 1212–1222. Zugleich Belege für die hohe Geschwindigkeit von Klimaveränderungen – in nur 10–20 Jahren kam es zu einer Abkühlung von ca. 3°.

174 Siehe 33, wie auch Alley, Richard B. et al (1993): Abrupt accumulation increase of the Younger Dryas termination in the GISP2 ice core. – Nature 362: 527–529. bzw. zum Ende dieser Kältephase Dansgaard, W., J.W.C. White & S.J. Johnson (1989): The abrupt termination of the Younger Dryas climate event – Nature 339, 532–534. So soll der Wiederkehr von Kälte und Eis in der Jüngeren Dryas (ca. 10700–9700 v. Chr.) in weniger als einem Jahrzehnt erfolgt sein, ebenso die Erwärmung am Ende in maximal 50 Jahren.

175 Crutzen, Paul J. & Eugene F. Stoermer (2000): The „Anthropocene". – IGBP (International Geosphere-Biopshere Programm) Newsletter 41: 17–18. Crutzen, Paul J. (2002): Geology of mankind. Nature 415: 23; Waters, Colin. N., Jan A. Zalasiewicz, Mark Williams, Michael A. Ellis & Andrea M. Snelling (2014): A stratigraphical basis for the Anthropocene. Geological Society London Special Publications SP 395: 321 S.

176 Siehe den entsprechenden Eintrag in der *deutschsprachigen* Wikipedia (besucht am 31.1.2015).

177 Der Kollaps von Zivilisationen bedarf nicht notwendig externer, geologischer oder klimatischer Katastrophen, siehe Motesharrei, Safa (2014): Human and nature dynamics (HANDY): Modelling inequality and use of resources in the collapse or sustainability of societies. Ecological Economics 101: 90–102.